U0262091

本书属于新疆大学"西北边疆经济治理文献整理与理论研究"和"新疆经济高质量发展与富民兴疆研究"系列丛书，出版得到下列项目的慷慨资助，特此致谢！

新疆大学"西北边疆治理文献整理与理论研究"的子课题四"西北边疆经济治理文献整理与理论研究"

新疆大学2021年"双一流"铸牢中华民族共同体意识研究基地建设子课题"新疆经济高质量发展与富民兴疆研究"

罗万云　著

干旱内陆河流域
生态资本补偿问题研究

中国社会科学出版社

图书在版编目（CIP）数据

干旱内陆河流域生态资本补偿问题研究／罗万云著．—北京：中国社会科学出版社，2023.1

ISBN 978 - 7 - 5227 - 1296 - 3

Ⅰ.①干… Ⅱ.①罗… Ⅲ.①干旱区—内陆水域—生态环境—补偿机制—研究—中国 Ⅳ.①X321.2

中国国家版本馆 CIP 数据核字（2023）第 024719 号

出 版 人	赵剑英	
责任编辑	范晨星	
责任校对	闫 萃	
责任印制	王 超	

出 版	中国社会科学出版社	
社 址	北京鼓楼西大街甲 158 号	
邮 编	100720	
网 址	http://www.csspw.cn	
发 行 部	010 - 84083685	
门 市 部	010 - 84029450	
经 销	新华书店及其他书店	

印 刷	北京明恒达印务有限公司	
装 订	廊坊市广阳区广增装订厂	
版 次	2023 年 1 月第 1 版	
印 次	2023 年 1 月第 1 次印刷	

开 本	710 × 1000 1/16	
印 张	14.5	
字 数	231 千字	
定 价	78.00 元	

凡购买中国社会科学出版社图书，如有质量问题请与本社营销中心联系调换
电话：010 - 84083683
版权所有 侵权必究

目　　录

图 目 录

表 目 录

导　　论

第一节　选题背景与意义

一　选题背景

回顾全球文明进步的历史，由于人类的劳动参与，地球表面逐渐完成了生物过程向人文过程的转变，人类社会经历了五千年的农业文明，又经历了三百多年的工业文明。农业文明和工业文明让生产力得到显著提高，但也同时带来全球生态退化问题。例如：生物多样性锐减[①]、荒漠化加剧[②]、农作物减产与粮食危机[③]、人口健康贫困问题[④]等。展望未来，人类文明的发展方向在哪里？全球将又会进入何种文明时代呢？自20世纪70年代以来，全球各国为了应对生态资源和服务不断稀缺的趋势，各类生态保护和环境协议（MEA）、议定书、修正案不断签署。2013年，习近平主席从国家生态安全战略全局出发，在哈萨克斯坦纳扎尔巴耶夫大学的演讲中首次提出"绿水青山就是金山银山"的科学论断，阐述了生态保护与经济发展之间的关系。在如何利用"绿水青山"实现"金山银山"问题上，生态资本为我们提供了很好的研究视角。生态资本是能够创造价值的生态资源、生态资产以及生态系统服务。之所以称之为"生态资本"，主要因为这种资本并不是由人类创造，而是由生态系统无

[①]　马克平：《试论生物多样性的概念》，《生物多样性》1993年第1期，第20—22页。

[②]　张永民、赵士洞：《全球荒漠化的现状、未来情景及防治对策》，《地球科学进展》2008年第23期，第306—311页。

[③]　钟甫宁：《世界粮食危机引发的思考》，《农业经济问题》2009年第30卷第4期，第4—9页。

[④]　Sen Amartya Kumar，任赜、于真：《以自由看待发展》，中国人民大学出版社2002年版。

偿提供给人类的。

干旱内陆河流域属于地球上一个特殊的地理空间单元，其气象、土壤、地貌、土地等自然条件均区别于其他外流河流域。它深居欧亚大陆腹地，呈山脉和盆地相间地貌格局，远离海洋，除祁连山区降雨较多之外，中下游地区被腾格里沙漠和巴丹吉林沙漠所包围。丰富的山前降雨雪孕育了相对封闭的内陆河，形成了特殊的以水资源为主线的内陆水文循环过程。对于干旱内陆河流域来说，生态系统服务中的水源涵养服务是一种可再生的生态资本，只要我们谨慎使用，积极保护，生态系统就会持续地向外界提供。但是，由于人口数量激增，大面积的天然草地、山地林缘草地以及荒漠土地被人类用于耕种和放牧，导致土地沙化加剧，水源涵养功能萎缩，流域生态安全受到极大的威胁，造成"绿水青山"难以向"金山银山"转换。鉴于此，中央政府实施了大量生态补偿项目应对这一趋势。从 2000 年以来，中央政府在石羊河流域内连续实施了"退耕还林（草）"工程、"退牧还草"等土地利用转换项目，将一些本不该用于放牧或耕种的土地转换为生态用地。与此同时，在退耕还林（草）和草地禁牧过程中，政府将农户作为个人利益的受损者而给予一定粮食和现金补偿，以此激励农户主动转换土地利用方式。然而，笔者经过对石羊河流域进行社会经济和生态环境的调查后发现，政府正在实施的生态补偿政策中存在一些亟待完善的问题，具体来说有以下几点。

第一，现行的生态补偿政策，更多关注了补偿方案中退耕还林（草）、草地禁牧的实施面积和实施范围目标是否完成，而并没有考察政策实施后生态资本的整体供给量发生了怎样的变化，导致一些地区出现土地转换的面积增加，实际的生态资本供给量呈下降趋势。

第二，项目实施范围由中央政府统一划定，虽然有利于项目顺利实施，并没有将土地利用转换与生态资本供给量增加联系起来，较少考虑实施地区的土地利用转换的适宜性问题。实地调查发现，纳入项目实施范围内的生态资本供给量有所增加，但是没有被纳入项目执行范围内，造成土地退化加剧，生态资本供给量下降，形成项目区好转，非项目区以外退化的现象。

第三，项目补偿资金受限于中央政府的财政预算，而非严格意义上的生态资本收益与成本投入。在具体项目执行中，补偿激励标准远远不足以弥补地方政府和农户因土地利用转换而付出的成本支出。

第四，生态资本补偿政策对农户的补偿是带有一定普惠性质的，但对农户土地利用转换、生态资本供给量与补偿价格之间等问题的关注度不够。

第五，农户是最贴近生态补偿政策的"践行者"，也是政策效果的"检验者"。已有的生态资本补偿政策实践中，农户并没有被纳入项目决策和执行过程中，而是被动参与的。补偿标准制定中并没有体现农户的受偿意愿，严重挫伤了农户自愿参与生态补偿政策的积极性。

正是鉴于上述问题存在，石羊河流域所实施的生态补偿政策而获得的生态资本供给量目标并不尽如人意。总体来看，要把习近平总书记提出的"绿水青山就是金山银山"的思想落到实处，弥补现有生态补偿政策对生态资本供给量的不足，首先就需要对生态资本进行科学的、合理的界定；其次是对水源涵养服务可以视为生态系统向外界提供的生态资本，解决生态资本难以度量、难以核算的基础性难题；最后，尝试运用经济学思维构建一种市场交易制度，激励农户将本不应该用作耕种或放牧的土地转换为生态用地，确定土地转换适宜情景、不同情景下生态资本补偿标准、农户受偿意愿等，旨在探索具有可操作性的生态资本补偿模式，以期对干旱内陆河流域生态文明建设提供行之有效的对策建议。

从空间分布来看，干旱内陆河流域主要集中在新疆、甘肃省河西走廊地区、内蒙古西部地区等，受到客观存在的交通限制，本书不可能对整体干旱内陆河流域进行全面的调查。为此，本书选取甘肃省河西走廊地区的石羊河作为案例区，原因有以下几点：一是行政单位和流域单元大部分重合，从行政隶属来看，案例区完全属于甘肃省管辖，并不存在跨省问题，以保证生态资本补偿实施的统一性以及二手数据的收集便利性。二是案例区具有完整的流域生态系统。石羊河具备干旱内陆河流域最典型的自然地理特征，即山地—绿洲—荒漠共存的地理景观格局，有利于本书从整体生态系统审视生态资本问题。三是人地矛盾突出，受到社会各界的广泛关注。一直以来，石羊河流域人口数量激增，大面积天然草地即荒漠土地被人类耕种和放牧，农业用水大量挤占生态用水，土地荒漠化加剧等生态退化问题突出。2007 年,温家宝视察民勤县中强调,决不能让石羊河流域下游成为中国第二个罗布泊。自此,石羊河流域突出的生态问题受到中央高层以及社会公众的广泛熟知。

二 研究目标

生态资本补偿问题,运用经济学思维回答,核心是明确生态资本"供给者"和"购买者"、确定适宜的补偿目标、计算出合理的补偿标准等。目前,学术界对生态资本书维度从生态资本效率角度出发,关注的多是生态资本运营和投资问题,即将生态资本视同其他资本要素,考察生态资本在经济增长中的作用和配置效率等。对于生态资本补偿问题的讨论呈现理论化和碎片化,缺乏实践性和系统性。本书重点在于科学、合理地界定生态资本补偿概念,分析生态资本补偿自然与人文过程,科学界定补偿主客体,定量评价生态资本供给量,模拟不同土地转换情景与生态资本供给量的关系,为生态资本补偿研究提供思想上和方法上的借鉴。

研究目标主要包括以下几个方面。

第一,从经济学视角出发,科学界定生态资本概念,即干旱内陆河流域生态系统向人类提供的各种生态系统服务中,何种生态服务最应该纳入生态资本的研究范畴。

第二,理解生态资本补偿的自然与人文过程,明确生态资本补偿的主体和客体。简单来说,需要回答在生态资本补偿中谁应该给谁补偿的问题。

第三,解决生态资本可度量、可核算问题。运用 InVEST 模型,模拟 2000 年和 2015 年石羊河流域生态资本供给量和空间格局变化,为后文生态资本补偿的情景模拟提供基础依据。

第四,生态资本补偿的情景模拟。模拟土地利用变化对生态资本供给量影响的动态过程,以此确定土地利用转换的适宜情景、补偿地点和补偿面积。

第五,生态资本补偿标准计算。从生态资本供给者的土地转换机会成本入手,运用最小数据方法,借助 Matlab2017a 软件模拟不同土地利用转换情景下生态资本补偿供给量、补偿价格、转换比例。

第六，从生态资本补偿实施角度出发，分析潜在受偿者的受偿意愿额，借助分位数回归模型分析受偿意愿额大小的影响因素。

基于以上问题，本书尝试对上述问题作有建设性的探索。

三　研究意义

干旱内陆河流域是地球上生态灾害频繁与农民生计相对脆弱的区域，同时又充满了勃勃生机。本书在发展经济学视角下讨论干旱内陆河流域生态资本补偿问题，对于践行"绿水青山就是金山银山"思想作出有益的理论尝试，同时对干旱内陆河流域生态文明具有较高的理论意义。本书选取的石羊河流域生态系统极度脆弱，区域展水平落后，农民生存条件艰苦，脱贫攻坚任务十分繁重。在这样一个流域背景下，研究生态资本补偿问题，不仅能够有效遏制生态环境进一步恶化，还能够对流域摆脱贫困，走绿色发展道路具有较强的现实意义。

（一）理论意义

目前，学术界对生态资本的研究众说纷纭，尤其关于生态资本的概念解释多达几十种。本书涉及的生态资本补偿是一个多学科综合的选题，涉及经济学、地理学、计算机科学等多个学科。由于研究视角不同、研究区域不同，生态资本补偿的侧重点各有不同，难以从理论层面形成统一共识。本书认为生态资本是能够创造价值的生态资源、生态资产和生态系统服务，具有"生态"和"资本"的多维度属性。那么，干旱内陆河流域生态资本到底是什么？生态资本的供给量如何度量？如何通过市场化补偿手段解决生态资本短缺问题？上述问题一直是理论界关心的热点问题。本书试图从多学科角度出发，将干旱内陆河流域生态系统提供的水源涵养服务视作"生态资本"，解决生态文明建设面临的生态资本难以度量的问题。既然生态系统提供水源涵养服务是资本，就需要关注其保值和增值问题。保值体现在流域生态资本数量和品质不下降。增值体现在保证人类能够源源不断地获得生态资本。本书通过理论演绎和实践推导，科学界定内陆河流域生态资本补偿的自然与人文过程，明确生态资本补偿目标，尝试建立生态资本的补偿标准范式，以期为干旱内陆河流域实施生态资本补偿提供理论基础和依据。

（二）现实意义

中国经济快速增长了四十年，大多数流域面临共性问题是巨大的生态退化风险，尤其是水资源供应不足问题日益加重。在干旱内陆河流域长期以经济增长为主的发展理念下，大面积的天然草场、林缘草地和荒漠土地被开垦，本不应该用于生产的土地被开发，造成生态安全水平大大下降，生态资本的短缺状况越发令人担忧。然而，生态资本并不是"取之不尽，用之不竭"的，必须运用经济学思想，明确生态资本概念和补偿内涵，有利于凸显生态资本的稀缺性和基础性地位。从收集到的文献来看，生态资本补偿研究的区域和范围局限在全国层面的大尺度空间，专门针对干旱内陆河流域的研究鲜有涉及。本书旨在引入一种市场交易制度安排，结合国家正在实施的生态建设工程，建立生态资本补偿框架与逻辑，明确生态资本"供给者"与"购买者"关系，通过一定技术手段实现生态资本定量化评估，模拟土地利用转换与生态资本供给的关系，建设性地核算出生态资本补偿标准，有利于实现生态资本的保值和增值目标，为欠发达地区践行"绿水青山就是金山银山"思想提供实现路径。

第二节 研究思路、技术路线和方法

一 研究思路

长期以来，生态资本书面临概念不清，核算困难等基础性难题。本书将干旱内陆河流域生态系统向外界提供的水源涵养服务看成一种"生态资本"，构建生态资本补偿框架，以生态资本补偿的自然与人文过程为主线，运用多种经济理论分析方法和软件技术，譬如：公共物品理论、外部性理论、博弈理论、InVEST模型、最小模糊度方法、最小数据方法、贝叶斯估计方法等。重点讨论干旱内陆河流域生态资本补偿中的以下问题。

（一）明确生态资本概念与补偿过程

科学、合理地界定生态资本概念，需要扎实的生态系统服务知识做基础。干旱内陆河流域生态系统向人类提供的水源涵养服务，不仅满足了人类的水资源需要，并且还通过水源涵养保育功能实现生态系统安全。

本书认为，水源涵养服务是生态系统向人类提供的生态资本之一。此时，内陆河流域生态资本具有量和价值的属性，其基础性地位决定了利用生态资本就需要给予一定补偿。据此，干旱内陆河流域生态资本补偿就有了明确的定义：由中央政府购买的交易制度安排，激励农户将本不应该用作耕种或放牧的土地转换为生态用地，提高流域生态安全水平，增加生态资本供给量。

（二）生态资本供给量确定

在明确干旱内陆河流域生态资本补偿概念的基础上，生态资本核算成为本书的关键。以石羊河为案例研究区，收集遥感数据并进行参数本地化，利用现行比较成熟的 InVEST 模型，评价从 2000 年、2015 年石羊河生态资本供给量和空间分布规律，比较不同土地利用类型的生态资本供给量差异，为后文生态资本补偿情景模拟与标准计算提供第一手数据。

（三）生态资本补偿的情景模拟

生态资本补偿的目标需要关注土地利用转换适宜性问题，即转换单位面积的土地，能够获得最大生态资本供给量。本书按照生态资本供给量最大化原则，分析土地利用转换与生态资本供给之间的关系，试图模拟不同土地利用情景下生态资本供给量，利用 Arcgis10.5 叠加分析功能，运用全局优化工具箱（Matlab Global Optimization Toolbox），得到不同土地利用情景的模糊集，以此确定石羊河土地利用转换的适宜情景、转换面积和转换地点，满足生态资本补偿标准计算所需数据。

（四）不同情景下生态资本补偿标准计算

生态资本补偿顺利实施，一方面，补偿标准能够弥补土地转换带来的机会成本损失；另一方面，补偿标准不能高于生态资本带来的收益。合理的补偿标准是建立在这二者之间的。然而，生态资本的服务价值评价尺度不一，存在巨大的操作难度。那么，本书按照多数的生态补偿标准的确定方式，即以供给成本为基础。一般情况下，供给成本至少包括了直接成本、交易成本、机会成本等方面。直接成本和交易成本可以通过类比方法获得。但是，机会成本只有生态资本供给者知道，只能通过调查获取。那么，本书通过对潜在的生态资本"供给者"进行调查，获取土地利用转换的机会成本，在生态资本供给量和补偿情景的基础上，运用最小数据分析方法，确定不同土地利用转换情景下的生态资本供给量、补偿价格与转换比例，确定生态资本补偿标准。

（五）生态资本补偿中农户受偿意愿分析

农户作为生态补偿实施的微观主体，是土地利用中最重要的"决策者"，生态资本补偿必须与农户经济利益相协调，才能真正调动农户的参与积极性。本书从提高生态资本补偿顺利实施角度出发，面向可能参与到生态资本补偿的农户群体展开，采取问卷调查方法得到土地使用者面对土地利用转换希望得到的生态资本受偿意愿额度，通过分位数回归分析有何种因素会影响农户受偿意愿额的大小。

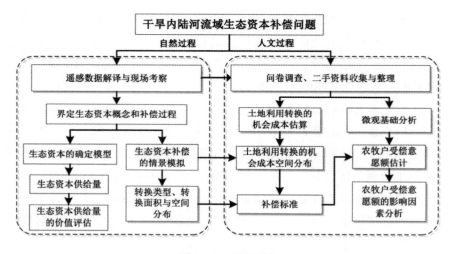

图 0-1 研究思路

二　技术路线

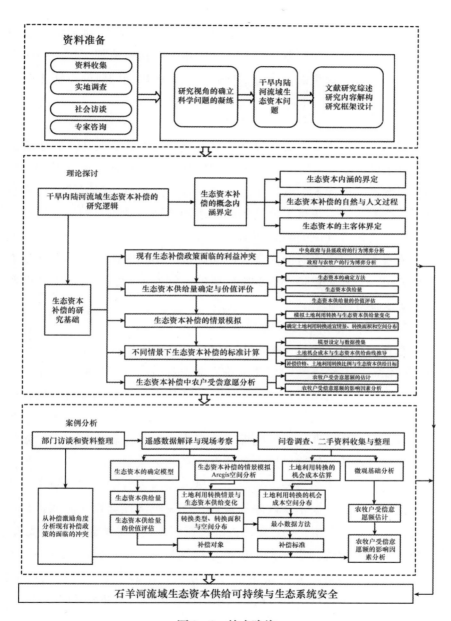

图 0-2　技术路线

三 研究方法

本书采用生态经济学、自然资源环境经济学、自然地理学、地图学、计算机科学等多学科基础理论，在大量文献检索梳理、实地调研和考察的基础上，围绕生态资本补偿问题研究，所用到的研究方法主要有以下几种。

（一）文献阅读与社会调查相结合

本书通过文献计量方法对现有成果进行分类综述，快速了解生态资本的研究主题，发现研究热点以及未来发展趋势。从选题论证开始，作者连续对案例区进行了细致的生态基线调查，与农户和第一线工作人员展开了深度的访谈，获得了大量的第一手问卷调查数据。同时，仔细梳理出具有重要参考价值的地方政府实施方案、规划和统计资料。在此基础上，笔者多次向中南财经大学、西北师范大学、中国科学院西北生态环境研究中心、甘肃省防沙治沙研究所的资深专家请教，为本书的顺利展开奠定了良好基础。

（二）定性分析与定量分析相结合

生态资本补偿是践行"绿水青山就是金山银山"思想的关键，对其论述不仅仅需要有经济学的定性描述，也需要借助计算机软件技术和数学模型，实现精确定量分析。由于生态资本的新颖性和超前性，定性分析是决定研究能否有效展开的关键之一。在已有研究方向中，大量文献都关注到一个共性问题：如何确保生态资本供给量，解决生态资本短缺问题？多数学者认为经济发展水平较高的东部区域解决生态资本短缺问题是靠运营手段。那么，经济落后的干旱内陆河流域能否继续沿用前人思路？此时，作者根据干旱内陆河流域生态—经济社会系统脆弱性较高的特征，通过定性分析，确定解决内陆河流域生态资本短缺问题的关键，在于借助补偿手段达到生态资本供给量增加目标。那么，涉及生态资本补偿的关键问题，就需要借助定量分析方法。譬如：生态资本供给量，土地利用转换与生态资本供给量的关系，计算生态资本补偿标准等。

（三）系统分析与案例分析相结合

生态资本补偿是一个集自然与人文因素耦合的过程，尤其在补偿主体、生态资本供给量、生态资本补偿目标、标准计算等问题的分析中，需要综合各种因素，全面分析，最终形成生态资本补偿整体思维框架。那么，本书解决的生态资本补偿问题，牵涉自然、经济、社会等多种因素，要求借助系统分析方法，结合石羊河实际情况，旨在建立一种市场交易制度，实现将本不该被用作耕种和放牧的土地转换为生态用地，让生态资本的"受益者"向"供给者"给予经济上的补偿，解决生态资本短缺问题。同时，干旱内陆河流域分布广泛，由于交通和时间限制，作者不能对全部流域进行研究，所以选择具有典型代表性的石羊河作为本书的案例区，以此展开生态资本补偿问题研究。

（四）跨学科交叉分析方法

由于生态资本补偿概念的新颖性以及特殊性，决定了研究此类问题不能将视野局限于单一学科之内。研究之初，博弈论方法很好地分析了现有生态补偿存在的激励不足。其次，如何通过成熟的、科学的评估方法实现生态资本可度量、可核算，就需要借助地理学较为成熟的 InVEST 模型解决此类问题。在生态资本补偿情景模拟中，借助 Arcgis10.5 软件空间叠加分析模块和 Matlab2017a 软件优化算法，明确在何地，实施何种土地转换类型？这些土地利用转换能够增加多少生态资本供给量。在解决生态资本补偿标准问题时，借助了社会学的调查方法，科学调查了农户的土地转换机会成本。生态资本补偿问题研究需要涉及博弈理论、经济学理论、社会学、地理学、生态学、地图学、计算机科学等多学科知识为本书提供理论层面指导与技术层面支撑。

第三节　研究难点与可能的创新点

一　研究难点

（一）生态资本补偿概念的界定

本书认为生态资本是能够创造价值的生态资源、生态资产以及生态系统服务。将生态资本补偿问题放在一个干旱内陆河流域层面进行讨研究，是一个比较新的视角。生态资本补偿研究可以从生态安全、经济增长、可持续发展等多个维度展开，如果对生态资本内涵认识不清楚，会导致后续研究侧重点出现较大偏差。本书从干旱内陆河流域生态安全角度出发，生态资本的供给减少，在很大程度上是由于人类不合理的土地利用方式造成的。那么农户作为土地的主要利用主体,如何对其行为进行约束,这就需要生态资本补偿通过一定的市场交易制度安排,激励农户将土地利用方式朝有利于生态资本供给的方向转变,发挥市场交易工具对农户进行有目的的引导作用。

(二) 生态资本供给量确定

长期以来,生态文明建设面临生态资本难以度量的基础性难题。如何通过补偿思路实现干旱内陆河流域生态资本保值和增值,应该可以说,该项工作是具有敏锐洞察力和实用性较强的研究任务。需要考虑的是,干旱内陆河流域生态系统向外界提供了多种生态系统服务,结合生态资本的内涵,如何将国外应用较为广泛的评估模型借鉴到国内研究中,使本书具有干旱内陆河流域本土化的特征,同时科学地评价生态资本供给量应是本书的难点。

(三) 生态资本补偿的情景模拟

本书需要明确实现生态资本供给量增加,需要实施何种土地转换类型以及面积。长期以来,多数研究对生态补偿需要明确的土地转换类型和面积均来自生态建设工程的实施目标。但是,在生态补偿政策具体执行中,一些地区忽视了土地适宜性规律。如退耕还林(草)项目中,坡度 25 度以下的耕地仍然面临较高的退化风险,土壤流失严重,土地沙化严重,造成纳入项目区的生态持续好转,项目区外的生态系统持续恶化。土地利用/覆被是生态资本供给的主要载体,不同的土地利用类型和面积对生态资本供给量产生显著的影响。那么,土地转换适宜性判别至少存在一个基本前提,即实现生态资本的保值和增值目标。那么,在生态资本供给量最大化原则下,科学地判别土地利用转换适宜情景,获得第八章生态资本补偿标准计算所需的基础数据(土地替代利用类型、转换面积与补偿地点)成为关键。

(四) 生态资本补偿标准计算

从土地利用转换角度已经证明,土地利用类型与生态资本供给量存在紧密的关系。基于第七章的结论,本书设置了几种土地利用情景,如何引导土地使用者向有利于生态资本供给量增加的方向转变,成为本书的另一个难点。此时理解土地使用者的人文过程对生态资本补偿具有重要意义。那么,基于对农户土地机会成本以及部分二手调查数据,运用最小数据方法，借助 Matlab2017a 软件，模拟不同土地利用转换情景与生态资本供给之间的关系。最后，从农户的土地转换机会成本和地方政府的交易成本、实施成本得到生态资本补偿标准。

二　可能的创新点

本书以生态系统安全视角，分析生态资本补偿及相关问题，对欠发地区践行"绿水青山就是金山银山"思想进行了建设性的探讨。可能的创新之处有以下几个方面。

第一，进一步廓清干旱内陆河流域生态资本内涵与补偿过程。理解生态资本补偿，首先需要明确生态资本概念。长期以来，相关文献对生态资本的研究视角不同，也就造成了生态资本概念界定不一。本书认为，生态资本是能够创造价值的生态资源、生态资产与生态系统服务。但是，学术界并没有对干旱内陆河流域生态资本给出明确界定。为此，本书根据国内外研究成果，结合干旱内陆河流域特殊的生态水文过程，将水源涵养服务表征生态资本。干旱内陆河流域生态资本补偿是由中央政府购买的交易制度安排，激励农户将本不应该用作耕种或放牧的土地转换为生态用地，提高流域生态安全水平，增加生态资本供给量。总体来看，已有研究更多关注的是全国层面的宏观尺度分析，较少研究关注到干旱内陆河流域生态资本，尤其针对生态资本内涵与补偿过程作了科学界定的更为少见。

第二，引入更为精准和科学的评估方法，对案例区的生态资本供给量进行度量。一直以来，生态资本的度量和核算一直是生态文明建设的基础性难题。在科学、充分的界定生态资本概念和补偿过程基础上，本书还需要回答一个问题：干旱内陆河流域拥有多少生态资本？大多数研究对生态资本供给量的评估采用了统计年鉴或者简单的数学计算，其研究结论的精确度存在较大程度的提升空间。本书运用 InVEST 模型，结合研究区气象、土地、土壤等数据，评估了案例区自 2000 年、2015 年生态资本供给量与空间格局变化。

第三，生态资本补偿的情景模拟。以往的研究，生态资本补偿的所需要的补偿地点和土地转换类型均源于项目实施方案，往往忽视了不同区域的土地适宜性与生态资本供给规律。本书按照生态资本最大化原则，模拟土地利用转换与生态资本供给量变化，立足于内陆河流域实施的"退耕还林（草）"和"草地禁牧"工程的实施，借用 Matlab2017a 最优化算法，得到土地利用转换的模糊集，科学地判定土地利用转换适宜情景、转换面积与补偿地点，为后文生态资本补偿标准计算提供科学依据。

第四，生态资本补偿标准计算问题。生态资本补偿标准计算是生态资本补偿政策顺利实施的关键。本书在已有中央政府对生态资本提供者的激励不足基础上，根据上文提出的几种土地转换情景，通过调查农户土地机会成本，运用最小数据方法，构建一种生态资本补偿标准与生态资本供给目标之间关系的估算模型。从市场交易角度出发，为生态资本"供给者"提供足额的补偿激励，使其转变土地利用方式，从而增加生态资本供给量。

第四节　现有研究的基本概况

本部分基于文献计量分析，对生态资本书领域进行了文献统计和信息收集，捕捉生态资本的研究前沿。本书数据来源于 1980 年到 2018 年的主流数据库信息，国外期刊数据库为 SCI – E、SSCI。国内期刊数据为 CSSCI 和 CSCD 网络版本数据库，检索时间为 2018 年 5 月 5 日。需要说明的是，国内期刊成果统计不包括台湾地区、香港地区和澳门地区。

一　文献数量

总体来看，世界上关于生态资本的研究文献数量急速增加（图0–3）。截至 2017 年 12 月 31 日，世界上关于生态资本书的成果达到5648 篇。图 0–3 可以看出，自 IPCC 第三次评估报告[①]、《京都议定书》[②]等重大生态环境报告颁布以来，生态资本书得到了快速发展。

从研究国家来看，美国对生态资本问题的研究起步最早，形成的文

---

① McCarthy, James J. IPCC-Intergovernmental Panel on Climate Change. Climate Change. Impacts, Adaptation and Vulnerability. A Contribution of Working Group II to the Third Assessment Report of the Intergovernmental Panel on Climate Change (IPCC). Cambridge: Cambridge University, *Contribution of Working Group II to the Third Assessment Report*, Vol. 19, No. 2, 2001, pp. 81 – 111.

② 周洪钧：《〈京都议定书〉生效周年述论》，《法学》2006 年第 3 期，第 123—130 页。

献数量也最多（1644 篇，截至 2017 年 12 月 31 日），其中较为完整的论述生态资本的早期文献①②也源于美国。英国也是对生态资本关注程度较高的国家之一。截至 2017 年年底，英国关于生态资本书的文献数量达到 793 篇，仅次于美国。最具代表性的研究成果有：2007 年，《斯特恩报告》③ 将生态环境付费概念从书本正式引入政府环境治理实践中，引起了全球研究人员和管理者的极大关注。2000 年以后，中国对生态资本问题的关注度也不断提高，发文数量年均增长速度达到 22.61%。在发文量排前 8 的国家中，中国是唯一的发展中国家。

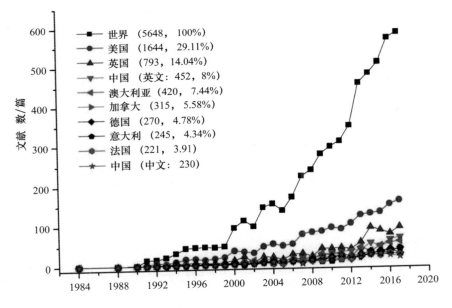

图 0-3　生态资本文献的时间分布

　① Bern L.，"Creation and concentration of natural capital：two examples"，*Ambio*，Vol. 43，No. 12，1993，pp. 741 - 744.

　② Costanza R.，Daly H. E. Natural Capital and Sustainable Development，*Conservation Biology*，Vol. 6，No. 1，2010，pp. 37 - 46.

　③ Press C. U.，*The economics of climate change：the Stern review*，Cambridge University Press，2008.

二 期刊分布

从期刊分布角度，国外与国内的高产期刊分布具有一致性。国外，生态资本书主要发表在 *ECOLOGICAL ECONOMICS ENERGY POLICY ECOLOGY AND SOCIETY* 等生态经济期刊，国内，生态资本领域主要发表在《生态经济》《中国人口·资源与环境》等专业类环境经济学期刊（具体见表 0-1）。总体来看，生态经济专业期刊成为生态资本问题研究的主要宣传渠道。

表 0-1　　　　　　　国内外生态资本研究领域的高产期刊

英文			中文		
刊物名称	文献数量	占比（%）	刊物名称	文献数量	占比（%）
ECOLOGICAL ECONOMICS	201	3.55	生态经济（中文版）	23	10.00
ENERGY POLICY	63	1.11	中国地质大学学报	9	3.91
ECOLOGY AND SOCIETY	48	0.85	生态学报	9	3.91
SUSTAINABILITY	44	0.78	中国人口资源与环境	10	4.35
ENERGY	43	0.76	云南社会科学	2	0.87
ECOSYSTEM SERVICES	42	0.74	中南财经政法大学	2	0.87
JOURNAL OF CLEANER PRODUCTION	42	0.74	资源开发与市场	2	0.87
ENERGY PROCEDIA	41	0.73	云南财经大学学报	1	0.43

资料来源：Web of Science 和中国知网。

三 高产作者

在国外检索出来的 5648 篇和国内 230 篇生态资本文献中，国外高产作者为美国 COSTANZA R 和 ARONSON J、POLASKY S，意大利的学者 ULGIATI S 等国家。中国高产作者来自中南财经政法大学严立冬、自然资源部第一海洋研究所陈尚、湖南人文科技学院刘加林等人（见表 0-2）。

表 0 - 2　　　　　　　　　生态资本研究领域的高产作者

作者	文献数	占比（%）	作者	文献数	占比（%）
COSTANZA R.	25	0.44	严立冬	13	5.65
ARONSON J.	20	0.35	陈尚	12	5.22
ULGIATI S.	15	0.27	刘加林	8	3.48
POLASKY S.	13	0.23	王海滨	3	1.30
BRYAN BA	12	0.21	武晓明	3	1.30
PRETTY J.	12	0.21	邓远建	3	1.30
DAILY GC	11	0.19	范金	1	0.43
FARLEY J.	11	0.19	李海涛	1	0.43

资料来源：Web of Science 和中国知网。

四　被引情况

在高影响力论文方面，美国仍然具有最强的实力。所有文献中，美国生态经济学家 Costanza, Robert 的 "Natural Capital and Sustainable Development" 一文被研究者引用次数达到 6175 次。其中引用 200 次以上的国外文献中，加拿大学者 Wackernagel, Mathis 的 1 篇、澳大利亚 Raymond, C. M. 1 篇、英国 Ekins, Paul 和 Turner, R. K. 的 2 篇论文。国内高被引论文有北京大学李海涛等人基于能值方法对森林生态系统的生态资本进行定量估算。其次，张淑兰在《生态社会主义还是生态资本主义》一书从理论上解释了生态资本存在的价值。之后，范金、邓远建、严立东等人的论文进一步推动了生态资本研究。

五　热点分布

通过对生态资本文献的关键词的词频进行归纳，发现生态资本领域的三个研究热点：生态资本核算和评估问题、生态资本营运和管理问题、生态资本付费和补偿问题。国内对生态资本的研究主要集中在概念和理论阶段、宏观层面的定量分析、区域生态资本营运和管理等方面。

表 0 - 3   国内外生态资本领域的高引论文情况

国外				国内		
作者	国家	被引次数	年份	作者	被引次数	年份
Costanza, Robert D'Arge, Ralph Groot, Rudolf De 等①	美国	6175	1997	李海涛, 许学工, 肖笃宁等②	94	2005
Costanza, Robert Daly, Herman E③	美国	467	2010	萨拉·萨卡, 萨卡, 张淑兰④	60	2012
Wackernagel, Mathis Onisto, Larry Bello, Patricia 等⑤	加拿大	422	1999	范金、周忠民、包振强⑥	58	2000
Monfreda, C. Wackernagel, M⑦	奥克兰	249	2004	邓远建, 张陈蕊, 袁浩等⑧⑨	35	2012

① Costanza R., D'Arge R., Groot R. D., et al., "The value of the world's ecosystem services and natural capital", *World Environment*, Vol. 387, No. 1, 1999, pp. 3 – 15.

② 李海涛、许学工、肖笃宁:《基于能值理论的生态资本价值——以阜康市天山北坡中段森林区生态系统为例》,《生态学报》2005 年第 6 期, 第 1383—1390 页。

③ Costanza R., Daly H. E., "Natural Capital and Sustainable Development", *Conservation Biology*, Vol. 6, No. 1, 2010, pp. 37 – 46.

④ 萨卡萨拉、萨卡、张淑兰:《生态社会主义还是生态资本主义》, 山东大学出版社 2012 年版。

⑤ Wackernagel M., Onisto L., Bello P., et al., "National natural capital accounting with the ecological footprint concept", Ecological Economics, Vol. 29, No. 3, 1999, pp. 375 – 390.

⑥ 范金、周忠民、包振强:《生态资本研究综述》,《预测》2000 年第 19 期, 第 30—35 页。

⑦ Monfreda C, Wackernagel M, Deumling D. Establishing national natural capital accounts based on detailed Ecological Footprint and biological capacity assessments, *Land Use Policy*, Vol. 21, No. 3, 2004, pp. 231 – 246.

⑧ 邓远建、张陈蕊、袁浩:《生态资本运营机制:基于绿色发展的分析》,《中国人口·资源与环境》2012 年第 22 期, 第 19—24 页。

⑨ 赵玲、王尔大、苗翠翠:《ITCM 在我国游憩价值评估中的应用及改进》,《旅游学刊》2009 年第 24 期, 第 63—69 页。

续表

国外				国内		
作者	国家	被引次数	年份	作者	被引次数	年份
Raymond, C. M. Bryan, B. A. Macdonald, D. H. 等①	澳大利亚	241	2009	严立冬，陈光炬， 刘加林，等②	30	2010
Ekins, Paul Simon, Sandrine Deutsch, Lisa 等③	英国	232	2003	陈尚，任大川， 夏涛，等④	30	2013
Dominati, Estelle Patterson, Murray Mackay, Alec 等⑤	新西兰	226	2010	陈尚，任大川， 李京梅，等⑥	30	2010
Turner, R K Daily, G C 等⑦	英国	214	2008	帅传敏，王静， 程欣⑧	21	2004
				牛新国，杨贵生， 刘志健等⑨	28	2002

资料来源：Web of Science 和中国知网。

---

①　Raymond C. M. , Bryan B. A. , Macdonald D. H. , et al. , "Mapping community values for natural capital and ecosystem services", *Ecological Economics*, Vol. 68, No. 5, 2009, pp. 1301 – 1315.

②　严立冬、陈光炬等：《生态资本构成要素解析——基于生态经济学文献的综述》，《中南财经政法大学学报》2010 年第 5 期，第 3—9 页。

③　Ekins P. , Simon S. , Deutsch L, et al. , "A framework for the practical application of the concepts of critical natural capital and strong sustainability", *Ecological Economics*, Vol. 44, No. 2, 2003, pp. 165 – 185.

④　陈尚、任大川等：《海洋生态资本理论框架下的生态系统服务评估》，《生态学报》2013 年第 19 期，第 6254—6263 页。

⑤　Dominati E. , Patterson M. , Mackay A. , "A framework for classifying and quantifying the natural capital and ecosystem services of soils", *Ecological Economics*, Vol. 69, No. 9, 2010, pp. 1858 – 1868.

⑥　陈尚、任大川等：《海洋生态资本概念与属性界定》，《生态学报》2010 年第 23 期，第 6323—6330 页。

⑦　Turner R. K. , Daily G. C. , "The Ecosystem Services Framework and Natural Capital Conservation", *Environmental & Resource Economics*, Vol. 39, No. 1, 2008, pp. 25 – 35.

⑧　帅传敏、王静、程欣：《三峡库区移民生态减贫策略的优化仿真研究》，《数量经济技术经济研究》2017 年第 1 期，第 21—39 页。

⑨　牛新国、杨贵生等：《略论生态资本》，《中国环境管理》2002 年第 1 期，第 18—19 页。

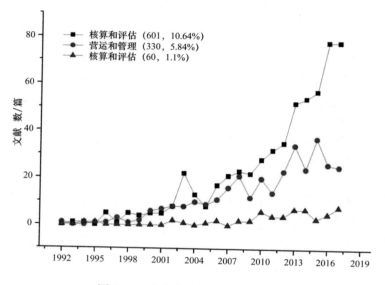

图 0 - 4　生态资本研究热点趋势变化

(一) 生态资本核算问题

生态经济学主要解决生态资源难以定量评估、入市交易问题。当前，诸多学者对生态资本核算和评估研究主要集中宏观和微观层方面。宏观核算主要围绕自然资源和生态系统服务价值评估，微观层面包括生态资本的流动和企业运营等方面。[①] 总体来看，生态资本核算主要涉及两方面的内容：第一，核算方法的选择；第二，核算区域的选择。常用的核算方法包括生态足迹、能值分析、常规市场评估方法等，具体优劣点见表 0 - 4。核算区域主要分布在东中部地区，长三角区域。

---

① 严也舟：《自然资本研究综述》，《财会通讯》2017 年第 22 期，第 55—60 页。

表 0 - 4　　　　　　　　　　　**生态资本的核算方法**

方法类型	具体方法	优点	缺点	适用范围
生态足迹方法①	二维/三维生态足迹模型	能够较好分析人类对环境影响及可持续性	1. 生态足迹并没有把生态提供资源、消纳废弃物的功能描述完全②。 2. 缺少对经济、社会可持续的考虑	各类生态系统及区域自然资源核算③
能值法④	能值分析法	将各类生态资源转化为太阳能值，更具可比性	生态资源的能值转换效率难以衡量	森林⑤、海洋等特殊生态系统
常规市场评估方法⑥⑦	市场价值法	简单，易操作	仅考虑直接使用价值，忽略间接价值和存在价值	近海生态资本⑧
	机会成本法	容易评估生态资源变化的价值	计算生态资本数额较大，难以实施⑨	自然资源的资本核算⑩

---

①　Rees W. E. , "Ecological footprints and appropriated carrying capacity: what urban economics leaves out", *Focus*, Vol. 62, No. 2, 1992, pp. 121 - 130.

②　Wackernagel M. , Monfreda C. , Schulz N. B. , et al. , "Calculating national and global ecological footprint time series: resolving conceptual challenges", *Land Use Policy*, Vol. 21, No. 3, 2004, pp. 271 - 278.

③　方恺、Heijungs Reinout:《自然资本核算的生态足迹三维模型研究进展》,《地理科学进展》2012 年第 12 期, 第 1700—1707 页。

④　Odum H. T. , "Environmental accounting: EMERGY and environmental decision making", *Child Development*, Vol. 42, No. 4, 1996, pp. 1187 - 1201.

⑤　李海涛、许学工、肖笃宁:《基于能值理论的生态资本价值——以阜康市天山北坡中段森林区生态系统为例》,《生态学报》2005 年第 6 期, 第 1383—1390 页。

⑥　武晓明:《西部地区生态资本价值评估与积累途径研究》,《西北农林科技大学》2005年。

⑦　武晓明、罗剑朝、邓颖:《生态资本及其价值评估方法研究综述》,《西北农林科技大学学报》(社会科学版) 2005 年第 4 期, 第 57—61 页。

⑧　杜国英、陈尚等:《山东近海生态资本价值评估——近海生物资源现存量价值》,《生态学报》2011 年第 19 期, 第 5553—5560 页。

⑨　陈煦江、胡庭兴:《生态资本计量探讨》,《林业财务与会计》2004 年第 9 期, 第 6—7页。

⑩　熊萍、陈伟琪:《机会成本法在自然环境与资源管理决策中的应用》,《厦门大学学报》(自然版) 2004 年第 43 期, 第 201—204 页。

续表

方法类型	具体方法	优点	缺点	适用范围
常规市场评估方法	预防性支出法	计量出生态系统服务的最小成本，利用现实操作	主要基于消费者视角展开评估，方法视角单一①	耕地资源等实物资源②
	剂量反应法	能够建立环境损害与损害原因的数学定量关系	不适用于对存在价值的评估	环境污染③
	重置成本法	仅仅以保护单一生态系统为目标	是对生态资本经济价值的最低估计，缺乏全面性	荒漠生态系统恢复价值评估④⑤⑥（张永珅，2015）
	有效成本法	计算简单	不考虑福利的货币化和定量化，不能全面衡量生态资本的多方面的福利	适用人工生态产品和服务⑦

---

① 武晓明：《西部地区生态资本价值评估与积累途径研究》，《西北农林科技大学》2005年。

② 宋敏：《耕地资源利用中的环境成本分析与评价——以湖北省武汉市为例》，《中国人口·资源与环境》2013年第23期，第76—83页。

③ 赵晓丽、范春阳、王予希：《基于修正人力资本法的北京市空气污染物健康损失评价》，《中国人口·资源与环境》2014年第3期，第169—176页。

④ 张永珅：《基于环境重置成本法的荒漠生态补偿价值计量研究》，硕士学位论文，兰州财经大学，2015年。

⑤ 赵玲、王尔大、苗翠翠：《ITCM在我国游憩价值评估中的应用及改进》，《旅游学刊》2009年第24期，第63—69页。

⑥ 潘耀忠、史培军等：《中国陆地生态系统生态资产遥感定量测量》，《中国科学》（D辑：地球科学）2004年第4期，第375—384页。

⑦ 杨怀宇、李晟、杨正勇：《池塘养殖生态系统服务价值评估——以上海市青浦区常规鱼类养殖为例》，《资源科学》2011年第3期，第575—581页。

续表

方法类型	具体方法	优点	缺点	适用范围
替代市场法①②	旅行成本法	适用评价具有旅游和文化服务的生态产品	局限性较大，难以全面推广	自然保护区、景区③
	享乐价格法	估计环境潜在价值	1. 具备较高的统计知识储备。 2. 不能估算存在价值，会低估总体的生态资本的价值	城市、湿地④⑤⑥
假象市场评估方法⑦	条件价值法	易于操作，适用范围广	1. 评估受客观偏差的影响。 2. 需要大样本的数据调查	大多数环境物品或生态系统服务⑧
	选择实验法	确定质量变化对复合物品的价值的影响。	所需大量第一手调查数据	流域生态系统⑨

---

① 黄如良：《生态产品价值评估问题探讨》，《中国人口·资源与环境》2015 年第 3 期，第26—33 页。

② 赵玲、王尔大、苗翠翠：《ITCM 在我国游憩价值评估中的应用及改进》，《旅游学刊》2009 年第 24 期，第 63—69 页。

③ 赵玲、王尔大、苗翠翠：《ITCM 在我国游憩价值评估中的应用及改进》，《旅游学刊》2009 年第 24 期，第 63—69 页。

④ 傅娇艳、丁振华：《湿地生态系统服务、功能和价值评价研究进展》，《应用生态学报》2007 年第 18 期，第 681—686 页。

⑤ Adamowicz W. , Louviere J. , Williams M. , "Combining Revealed and Stated Preference Methods for Valuing Environmental Amenities", *Journal of Environmental Economics & Management*, Vol. 26, No. 3, 1994, pp. 271 – 292.

⑥ Mcneely T. B. , Turco S. J. , "Requirement of Lipophosphoglycan for Intracellular Survival of Leishmania Donovani within Human Monocytes", *Journal of Immunology*, Vol. 144, No. 7, 1990, pp. 2745 – 2750.

⑦ Adamowicz W. , Louviere J. , Williams M. , "Combining Revealed and Stated Preference Methods for Valuing Environmental Amenities", *Journal of Environmental Economics & Management*, Vol. 26, No. 3, 1994, pp. 271 – 292.

⑧ 张志强、徐中民、程国栋：《条件价值评估法的发展与应用》，《地球科学进展》2003 年第 18 期，第 454—463 页。

⑨ 徐中民、张志强等：《环境选择模型在生态系统管理中的应用——以黑河流域额济纳旗为例》，《地理学报》2003 年第 58 期，第 398—405 页。

（二）生态资本营运问题

长期以来，国内外对生态资本营运研究主要集中在以下三个方面：第一，生态资本营运机制研究；第二，生态资本营运效率研究；第三，生态资本与可持续发展。国外 Gordon，H. Scott 等人将渔业资源视作生态资本，将其纳入海洋生态资本核算中，分析海洋经济增长与渔业资源的关系。[①]Tom Tietenberg 将环境资源纳入了中长期的经济增长模型中，通过市场机制和效率分配工具分析经济可持续增长。[②] 保罗·霍根在《自然资本论》中将自然资源看作一种资本，将自然资本的地位等同于"人力资本、金融资本、加工资本"，指出长期经济增长导致生态破坏的根源在于忽视自然资本的结果。[③] 中国研究者并没有止步于西方学者对经济增长开出的生态"药方"。严立东等提出生态资本营运价值问题，认为要让生态资本更有效率，关键是扩大生态资本功能和服务，实现生态资本增值与保值。[④]生态作为一种存在的资本类型，也必然面临效率的问题。刘加林等人[⑤]指出生态资本效率更强调经济社会活动的价值产出与物质投入之间的比例关系。刘加林等强调生态资本运营公平问题，生态资本运营不仅需要考虑效率，而且还要注重代际效率公平。[⑥] 屈志光等发现城镇化水平越高，城镇生态资本效率越高，并且中部地区城镇生态资本效率低于东部地区和西部地区。[⑦] 传统的内生性增长模型中，柯布—道格拉斯、哈罗德—多马模型以及新古典绝对优势的索洛模型中，自然资源几乎没有发挥任何

---

① Gordon H. S. , "The economic theory of a common – property resource：The fishery"，*Bulletin of Mathematical Biology*，Vol. 53，No. 1 – 2，1991，pp. 231 – 252.

② Tietenberg Thomas H. , Lewis Lynne，王晓霞：《环境与自然资源经济学》（第八版），2011 年。

③ PaulHawken、Hawken、王乃粒：《自然资本论》，上海科普出版社 2000 年版。

④ 严立冬、刘加林、陈光炬：《生态资本运营价值问题研究》，《中国人口·资源与环境》2011 年第 1 期，第 141—147 页。

⑤ 刘加林、朱邦伟、李淑君：《区域生态资本运营绩效评价指标体系及实证研究》，《中国地质大学学报》（社会科学版）2014 年第 4 期，第 75—80 页。

⑥ 刘加林、朱邦伟、李淑君：《区域生态资本运营绩效评价指标体系及实证研究》，《中国地质大学学报》（社会科学版）2014 年第 4 期，第 75—80 页。

⑦ 屈志光、严立冬：《城镇生态资本效率测度及其区域差异分析：生态经济与美丽中国——中国生态经济学会成立 30 周年暨 2014 年学术年会》，《中国北京》2014 年。

作用，因此新古典模型饱受诟病①。England② 讨论了生态资本与其他形式的资本的互补性以及技术知识累积对经济增长的支持作用。长期以来，在新古典经济的指引下，大量的生态资本面临供给短缺的风险。Bovenberg Smulders③ 等人提出了一种基于环境质量与社会生产力的内生性增长模型，强调了可持续经济增长过程中应最大限度地发挥生态资本的作用。Roseta - Palma④ 等人将生态资本视为与物质资本、社会资本、人力资本具有同等重要地位，为包容性经济增长提供了一个更为宽泛的理论解释框架。

（三）生态资本补偿问题

生态资本既包括能够直接进入生产、消费、流通、再分配环境的各类生态资源，也包括为了给人类生存和发展提供支撑服务的生态产品和服务；随着人类生活需求的提高，生态资本的稀缺性日益凸显，人们逐渐认识到不能加大生态资本的投入，而要专注于生态资本供给。据此，生态资本补偿和付费随之提上了日常议程中。邓远建⑤指出，欠发达地区不愿为了降低经济发展速度而开展大规模的生态建设，主要原因是生态服务的供给者和消费者利益的分离，这使得生态供给者不愿增加自己的发展机会成本，生态消费者却享受生态资本服务。若考虑从外部给予生态资本供给者一定补偿，弥补其受损失的发展机会成本，就有可能增加生态资本的供给量。生态资本的价值性体现在保护或者破坏者需要付费，同时生态资本产权不清晰导致生态资本"搭便车"行为存在。据此，生态补偿和付费成为解决生态资本"公地悲剧"的重要工具。1956 年，美国政府根据土地的生态服务价值，实施"保护性退耕机会"政策，鼓励

① 黄铭：《生态资本理论研究》，硕士学位论文，合肥工业大学，2005 年。

② England R. W. , "Natural capital and the theory of economic growth", *Ecological Economics*, Vol. 34, No. 3, 2000, pp. 425 –431.

③ Bovenberg A. L. , Smulders S. , "Environmental quality and pollution - augmenting technological change in a two - sector endogenous growth model", *Recent Developments in Environmental Economics*, Vol. 57, No. 3, 1995, pp. 369 –391.

④ Roseta - Palma C. , Ferreira - Lopes A. , Sequeira T. N. , "Externalities in an endogenous growth model with social and natural capital", *Ecological Economics*, Vo. 69, No. 3, 2010, pp. 603 –612.

⑤ 邓远建、张陈蕊、袁浩：《生态资本运营机制：基于绿色发展的分析》，《中国人口·资源与环境》2012 年第 22 期，第 19—24 页。

一部分农场主退耕一部分耕地，存入"土地银行"，农场主会得到一定的补助。在 20 世纪 80 年代，美国又推出了荒漠化防治计划的"耕地保护性储备计划"，截至 2002 年，美国的"耕地保护性储备计划"让 1360 万公顷的耕地退出农业生产活动，涉及 37 万农民，美国农业部每年支付补偿资金 15 亿美元用于补偿农户的机会成本和转换成本。[①] 澳大利亚采取经济补贴促进流域管理，实现水资源的可持续利用。纽约市通过建立生态补偿基金，建立河流上游地区与下游地区之间的优质水资源保护协议，实现了水资源数量和质量的保护。[②] 生态资本存量资本运营方面，德国以中央、地方政府共同出资并成立专门的生态资本投资公司负责全国生态资本投资和管理工作。在森林生态资本补偿方面，欧洲碳排放交易市场完成了 3.62 亿吨的 CO_2 交易[③]。中国学者邓远建[④]首先肯定了生态资本的

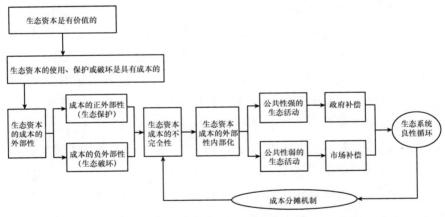

图 0-5 生态资本补偿逻辑框架[⑤]

① 李宏伟：《美国生态保护补贴计划》，《全球科技经济瞭望》2004 年第 8 期，第 15—18 页。

② 格蕾琴·C. 戴利、凯瑟琳·埃利森：《新生态经济:使环境保护有利可图的探索》，上海科技教育出版社 2005 年版。

③ 中国生态补偿机制与政策研究课题组：《中国生态补偿机制与政策研究》，科学出版社 2007 年版。

④ 邓远建、张陈蕊、袁浩：《生态资本运营机制:基于绿色发展的分析》，《中国人口·资源与环境》2012 年第 22 期，第 19—24 页。

⑤ 邓远建、张陈蕊、袁浩：《生态资本运营机制:基于绿色发展的分析》，《中国人口·资源与环境》2012 年第 22 期，第 19—24 页。

价值存在，基于生态资本积累和可持续原则下，从生态资本成本的外部性出发，构建生态资本补偿分摊机制，运用政府补偿和市场补偿手段实现生态资本保值和增值。

（四）现有研究对本书的主要启示

综上所述，生态资本问题是一个生态学、经济学、环境学、计量经济学等诸多学科交叉的领域。一方面，全球生态系统演变极其复杂，影响生态系统的稳定性的因素非常之多，涉及太阳活动、气候变化、海洋和陆地能量转换等诸多方面，造成了生态资本的确定难度。另一方面，随着人类认识自然、改造自然的能力不断提升，人类活动（农业生产活动中的土地利用变化）对生态资本之间的关系更加复杂和紧密。此外，传统人力、金融、物质资本相比较，生态资本在经济增长中的地位得到了诸多研究学者的认可。然而，伴随着经济增长过程，非洲、南美等欠发达地区拥有的良好生态资本并没有摆脱贫困现状；相反，全球尺度上的基尼系数仍然呈不断扩大的趋势，使得生态资本存在广受"质疑"。这不禁让人们开始怀疑，生态资本是否还是解决发展不均衡问题的一剂"良药"？因此，为了解决生态资本相关问题，必须从自然科学与人文科学等广泛结合，系统地阐明生态资本短缺问题的根源和解决方法。生态资本综合多个学科，集社会系统、经济系统和生态系统，能够更加准确地分析生态资本问题。

世界上最有影响力的生态资本研究成果主要来自发达国家，多数国家都对本国生态资本存量和服务价值展开了定量研究，尤其是生态脆弱地区的生态资本问题，发达国家更为关注。他们在制定本国经济增长和可持续发展战略时发挥了巨大作用。中国作为生态资本后来的"研究者"和"实践者"，在生态系统演变等自然科学问题已经具备了一定的"话语权"，但是中国对生态经济领域内的人文因素影响评估方面相对较弱，但是可喜的是，看到中国研究者正在根据中国国情，综合马克思资本价值理论和西方经济理论，积极尝试探索符合中国生态经济问题的道路，尤其在生态资本研究领域的卓越贡献，为世界生态经济学的发展提供了"中国经验"。

现有生态资本研究得到学者和管理者的广泛认可，但是具有实际操作的生态资本补偿问题仍然处于探索阶段。例如：如何才能让生态资本保值和增值，如何从顶层补偿制度设计角度出发解决"外部性"问题，如何确定生态资本供给量、如何借助生态补偿手段解决生态资本短缺等问题仍然存在较大的探索空间。

第 一 章

概念界定与理论基础

第一节 概念界定

一 生态资本概念

现有文献中并没有对生态资本概念形成一个统一的认识[1]。多数学者认为生态资本是受到自然资本概念的启发。D. Pearce 和 R. K. Turner 等人[2]在《自然资源与环境经济学》中系统地阐述了"自然资本"的概念。Vogt[3] 指出生态资源是大多数国家快速发展的重要自然资本。1970 年，Men's Impact on Global Environment 首次提出生态系统服务价值功能，列举了生态系统服务是构成自然资本的基础。直到 1997 年，Costanza[4] 正式提出了"自然资本"（Natural capital）的概念，他认为自然资本是物质和生态系统服务产生的服务流。Daly[5] 在 Hick[6][7] 的基础之上进一步明确了自然资本概念，有用的生态产品或服务可以称为自然资本。自然资本研究为生态资本产生和发展奠定了思想基础，启发了生态经济研究者对生态

---

① 王海滨：《生态资本及其运营的理论与实践》，博士学位论文，中国农业大学，2005 年。

② 过建春：《自然资源与环境经济学》，中国林业出版社 2008 年版。

③ Vogt W. , "Road to Survival", *Soil Science*, Vol. 67, No. 1, 1949, p. 75.

④ Costanza R. , D'Arge R. , Groot R. D. , et al. , "The value of the world's ecosystem services and natural capital", *World Environment*, Vol. 378, No. 1, 1999, pp. 3 – 15.

⑤ Daly H. E. , "Beyond growth: the economics of sustainable development", *Economia E Sociedade*, Vol. 29, No. 4, 1996, p. 6.

⑥ Hicks J. , "Capital Controversies: Ancient and Modern", *American Economic Review*, Vol. 64, No. 64, 1974, pp. 307 – 316.

⑦ Hick 认为资本的实质资本是能够为未来提供有用产品流和服务流的存量的资产。

资本的理论探索。

生态资本由"生态"和"资本"两个词组合而成。生态（Eco－）最早起源于古希腊，用"家"（house）指代我们赖以生存的环境。生态泛指一切动植物生存状态以及生存环境。生态多用于表示生物与非生物之间相互依赖的关系，不仅指生物种群及生物资源，更代表一种天然生境。按照政治经济学对"资本"的论述①，资本是一种由剩余劳动堆叠形成的资本权力。按照西方经济学对"资本"的定义②，是指投入生产过程中的一种要素，用来获取更大的利润和财富。1678 年，《凯奇德佛雷斯词典》③ 一书将资本定义为能够产生大量利息的本钱。之后，亚当·斯密、萨伊、马尔萨斯、马歇尔等人均从不同方面对资本展开论述。总体来看，资本具有以下两个特点：第一，资本由生产机构或者个人通过积累获得；第二，资本具有流动价值，可以参与到整个生产、流通、消费、再分配过程中谋取利润。从生产角度出发，资本是经济社会运行投入的重要生产性要素，成为产品制作过程中的中间投入产品，采取货币计量进行核算。1987 年，布伦特兰夫人在《我们共同的未来》中首次提出"生态资本"概念④。她指出在过去的许多年，工业世界已经消耗了大部分生态资本。刘思华先生⑤是国内最早完整提出生态资本的概念的学者，他认为现代社会完全不依赖人类劳动改变的"天然资源"已经很少存在，相反"天然资源"或多或少都会投入一定量的人类劳动，才能维持生态环境，并且支持人类发展所需的使用价值。生态资本的本质是人造自然资产。他认为生态资本包括三个方面：第一，直接纳入社会再生产或者再分配过程的生态资源；第二，生态资源质量变动和再生量变化，即生态潜力；第三，生态环境质量，生态系统所蕴含的生境质量及大气、阳光、空气等生态因子，能够提供人类生命延续的生态服务。范金先生⑥认为"生态

---

① 彭宏伟：《再谈马克思哲学视野中的资本概念》，《理论视野》2014 年第 5 期，第 16—19 页。

② 曼昆梁小民：《经济学原理》（上册），机械工业出版社 2006 年版。

③ 庞巴维克，V. E.：《资本实证论》，商务印书馆 1964 年版。

④ 世界环境与发展委员会：《我们共同的未来》，吉林人民出版社 1997 年版。

⑤ 刘思华：《对可持续发展经济的理论思考》，《经济研究》1997 年第 3 期，第 46—54 页。

⑥ 范金、周忠民、包振强：《生态资本研究综述》，《预测》2000 年第 19 期，第 30—35 页。

资本"概念与"自然资本"可以等同，生态资本度量方法可以参照自然资本的评估方法，并且列举出生态资本参与经济增长的模型。牛新国[①]认为生态资本具有生态的基本属性，也具有资本的稀缺和增值属性。生态资本研究必须要尊重生态安全与资本安全规律。沈大军[②]认为生态资本对经济增长的有用性，主要体现在提供生产所需的生态资源和纳污能力上。王海滨[③]在沈大军的基础之上进一步细分了生态资本，具体包括包自然资源、生态环境的自净能力和生态环境为人类提供的自然服务。他强调生态资本是维持"生态—经济—社会"巨系统安全的必备要素。[④] 严立冬等[⑤]认为生态资本是能够持续带来效益的生态资源以及完整生态服务，只有那些具有使用价值的生态资源才有可能转化为生态资本，只有创造利润的生态资源才能转化为生态资本。严立冬在诸多学者研究基础上进一步明确生态资本的概念，他认为只有创造价值的生态系统服务才有可能转化为生态资本。

生态资本是弥补传统经济学在解释生态退化与经济增长中的不足，也是将良好的生态系统服务区别于传统人力、金融、物质以及社会资本。生态资本概念是诸多生态经济学者借用"资本"概念暗喻对人类福祉有重大贡献的生态系统服务。生态资本概念理解应该从广义和狭义的维度展开，从广义维度上来看，生态资本能够增进人类福祉，是提高社会生产力，创造社会财富的生态要素总和，如各类生物资源、生境以及组成的完整生态系统。但从狭义角度理解，生态资本是能够流通到人类供给、生产和消费环境的生态系统服务，经过一系列自然和人文转换，以生态系统服务实现自身价值，与传统资本一起实现人类福祉最大化。狭义的生态资本最典型特征是整体有用性，生态资本不仅能像传统资本一样创造社会财富和价值，而且还能体现在对生态系统的有用性上，能够保证

① 牛新国、杨贵生等：《略论生态资本》，《中国环境管理》2002 年第 1 期，第 18—19 页。
② 沈大军、梁瑞驹等：《水资源价值》，《水利学报》1998 年第 5 期，第 55—60 页。
③ 王海滨：《生态资本及其运营的理论与实践》，博士学位论文，中国农业大学，2005 年。
④ 王海滨、邱化蛟：《实现生态服务价值的新视角（一）——生态服务的资本属性与生态资本概念》，《生态经济》2008 年第 6 期，第 44—48 页。
⑤ 严立冬、谭波、刘加林：《生态资本化:生态资源的价值实现》，《中南财经政法大学学报》2009 年第 2 期，第 3—8 页。

生态系统维持在一定生态安全状态。

本书从生态经济学角度出发，结合刘思华（1997）①、严立冬等（2010）②、陈尚等（2010）③、Costanza 等（1991）④ 对生态资本的研究论述，对生态资本界定如下：本书认为生态资本是能够创造价值的生态资源、生态资产以及生态系统服务。根据这一普遍性定义，结合干旱内陆河流域生态系统封闭性和特殊生态水文过程，本书选取内陆河流域生态系统服务中的水涵养服务表征生态资本。干旱内陆河流域生态资本具有以下三个特征：第一，有用性。生态资本具有增加人类福利、服务自然环境的功能。第二，整体增值性。干旱内陆河流域生态资本是受整体生态系统制约的，生态资本的增值性建立在生态系统安全的基础之上。第三，极值性。生态资本能够满足人类需要，但并不是无限满足，其承载能力具有一定的范围。若人类对生态资本过度消耗，将会导致生态系统退化。

二 生态资本与相关概念的比较

（一）生态资源

保罗·萨缪尔森在《微观经济学》一书中指出生态资源与劳动力资源、物质资源一样，也是一种生产性要素⑤。Hueting⑥ 认为生态资源是通过一系列的生态系统服务参与到人类生产和生活的资源、服务或者生存环境⑦中。王翎⑧指出，生态资源在一定生态系统中各种生态要素互相配合，按特定的关系组成一种能被植物利用，并满足其生长发育所需要的

---

① 刘思华：《对可持续发展经济的理论思考》，《经济研究》1997 年第 3 期，第 46—54 页。
② 严立冬、陈光炬等：《生态资本构成要素解析——基于生态经济学文献的综述》，《中南财经政法大学学报》2010 年第 5 期，第 3—9 页。
③ 陈尚、任大川等：《海洋生态资本概念与属性界定》，《生态学报》2010 年第 23 期，第 6323—6330 页。
④ Costanza R. , "Ecological economics: the Science and Management of Sustainability", *American Journal of Agricultural Economics*, Vol. 7, No. 5, 1991, pp. 170 – 171.
⑤ 保罗·萨缪尔森、威廉·诺德豪斯：《经济学》（第十六版），华夏出版社 1999 年版。
⑥ 李林：《生态资源可持续利用的制度分析》，博士学位论文，四川大学，2006 年。
⑦ 范金：《可持续发展下的最优经济增长》，经济管理出版社 2002 年版。
⑧ 王翎：《从山地生态资源的特点看山区经济开发的特殊性》，《生态经济》1989 年第 5 期，第 38—40 页。

物质、能量和物质综合体。那么生态资源与自然资源有着何种联系，又存在什么区别呢？徐嵩龄[1]先生认为，生态资源属于自然资源的一种，但是又与其他资源存在显著差别。生态资源存在价值并不取决自身的有用性，它本身的存在价值是一项非常重要的生态功能，具有天然的生命支持能力。地球上的生态资源包括生物、土地、水、大气以及太阳能资源。生态资源并不以人类劳动改造而存在，而是以生态系统功能支持人类生存。李林[2]强调，生态资源不仅仅直接供给服务，而且是以自然资源要素构成的自然生态系统提供的生态服务能力。譬如：森林的水土保持、增加氧气，荒漠化植被的防风固沙等。综上所述，生态资源是生态系统的物质组成部分，构成生态环境的物质要素，主要体现在存在形态和运动形态上。简单来说，生态资源就是能够有利于人类生存和生态承载的各类自然和人工要素资源。

（二）生态资产

"资产"（Asset）在词典中被认为是有价值的实物。这里的价值是由经济学中物品或者服务的效用所决定的，通过稀缺属性来衡量价值大小。长期以来，自然生态系统给人们生存提供了各类资源和产品，但是并没有纳入国民经济资产核算体系中。[3] 经济学范畴中的"资产"是指能够在未来创造价值的事物，并且能够增进社会财富。[4] 1948 年，美国学者 Vogt 首次提出自然资本概念，强调自然资本是由自然资源价值[5]构成的。自然资本和自然资产的概念一经提出，就受到诸多学者的热捧。此后，西方学者将自然资产理解为自然资源的价值，认为自然资产是自然资源的价值体现。直到 1970 年，London 提出了生态系统服务，列举出生态系统对

---

① 徐嵩龄：《生态资源破坏经济损失计量中概念和方法的规范化》，《自然资源学报》1997 年第 2 期，第 65—73 页。

② 李林：《生态资源可持续利用的制度经济学分析》，《生态经济》2005 年第 7 期，第 61—64 页。

③ 胡聃：《生态资产核算的综合方法与应用——以太湖流域为例》，博士学位论文，中国科学院生态环境研究中心，2001 年。

④ 胡聃：《从生产资产到生态资产:资产—资本完备性》，《地球科学进展》2004 年第 2 期，第 289—295 页。

⑤ Vogt W. , "Road to Survival", *Soil Science*, Vol. 67, No. 1, 1949, p. 75.

人类提供的生态产品和服务。[①] 1997 年，Daily 核算出全球生态系统服务价值，并深入分析了生态系统服务功能的各个方面。[②] 生态系统服务价值核算理论进入研究者的视野中，原有的自然资产概念已经不能满足人类认识生态系统的需要，由此生态资产理论产生。高吉喜等[③]指出生态资产建立在生态服务价值的基础之上，表明人们对生态、自然资源的认识上升到另外一个高度。陈百明等[④]指出生态资产是能够带给所有权者获得稳定利益的生态服务和产品。生态资产的价值来源于生态系统服务给人类发展的福利。2004 年，潘耀忠等[⑤]对有形和无形的生态资本进行估值，得到中国生态资产的价值量为 64441.77 亿元。

可以得出，生态资产是指国家、集体、企业或个人所有，某种程度上能够带给所有者未来收益的物品和资源，强调收益性和权属性特征，但并非更多强调从投入产出角度出发，更多是基于产权归属问题。生态资产包括两大方面的内容，一方面是生态系统为人类提供的直接使用资源，例如淡水资源，土地资源、化石资源等；另一方面是地球生态系统向人类提供的生态服务，包括水源涵养服务等。

（三）自然资本

早期，主流经济学家对自然资源的研究不只在资源范畴内，而是将资源作为一种生产性资本处理。[⑥] 例如：Herfindahl 和 Kneese[⑦] 认为能够在未来时间轴上向人类提供生产性产品或者服务，并且能够在生产环节中可以很好控制的实物。他的研究进一步扩展了资本研究的范畴。经济

① J.L., J.P., *Man's Impact on the Globa l Environment*: *Assessment and Recommendations for Action Report of the Study of Critical Environmental Problems*, Cambridge MA: MIT Press, 1970.

② Daily G.C., "Nature's Services: Societal Dependence on Natural Ecosystems", *Pacific Conservation Biology*, Vol.6, No.2, 1997, pp.220 – 221.

③ 高吉喜、范小杉:《生态资产概念、特点与研究趋向》,《环境科学研究》2007 年第 5 期, 第 137—143 页。

④ 陈百明、黄兴文:《中国生态资产评估与区划研究》,《中国农业资源与区划》2003 年第 6 期, 第 23—27 页。

⑤ 潘耀忠、史培军:《中国陆地生态系统生态资产遥感定量测量》,《中国科学》（D 辑:地球科学）2004 年第 4 期, 第 375—384 页。

⑥ 刘平养:《自然资本的替代性研究》,《复旦大学》, 2008 年。

⑦ Herfindahl O.C., Kneese A.V., "Quality of the environment: an economic approach to some problems in using land, water and air", No.7, 1965, p.1176.

学派对自然资源的研究更多从国民经济核算角度出发，讨论自然资本的一般资本属性。另外，生态学派对自然资本的研究也是随着生态退化的加剧而深入的。最早，David Pearce[1] 将现存的自然资源和环境看成是一种自然资本存量，服务于经济社会生产和发展。1991 年，Costanza[2] 提出了自然资源流与生态系统服务价值，自然资本存量始于生态服务和自然资源流。1997 年，Costanza[3] 提出全球生态系统服务和自然资本是支持地球生命系统的重要支持部分，生态系统服务包括自然资本上的能流和信息流。欧阳志云[4]从生态系统恢复角度讨论了中国正在进行的生态治理在增加自然资本上的效果，并且指出社会经济政策、气候变化、生物多样性是影响自然资本的主要因素。总的来说，自然资本是能够增进人类福祉的自然资源，包括生物、水、土、海洋、矿产及构成的完整生态系统服务。国外对自然资本的研究多从人类中心主义出发，以大尺度的生态循环，地理演变过程和生命过程为特征，展现地球生态系统更为宏观尺度的自然变化。

（四）生态资本与相关概念的比较

生态资源、生态资产、自然资本是与生态资本紧密联系的重要概念，四者之间既有相互重叠部分，也有显著的差异。生态资源具有使用价值和非使用价值，但是只要具备使用价值的生态资源才可能称为生态资本。生态资产更多强调在未来某个时间段中带来比自身更大的价值，这种资产增值性实质是维持生态资本非减性的关键，能够在未来产生现金流的生态资产才可以称之为生态资本。自然资本更多强调资本的"自然属性"，但是生态资本不仅包括来自自然的资本，而且还包括人造的资本。国内一部分学者将自然资本和生态资本看作是同一个概念，典型代表人物是范金、武晓明、严立冬等人。另一部分学者则认为自然资本与生态

① Pearce D. Economics, "equity and sustainable development", *Futures*, Vol. 20, No. 6, 1988, pp. 598 – 605.

② Costanza R., "Ecological economics: the Science and Management of Sustainability", *American Journal of Agricultural Economics*, Vol. 7, No. 5, 1991, pp. 170 – 171.

③ Costanza R., D'Arge R., de Groot R., et al., "The value of the worlds ecosystem services and natural capital", *Nature*, No. 387, 1997, p. 253.

④ Ouyang Z., Zheng H., Xiao Y., et al., "Improvements in ecosystem services from investments in natural capital", *Science*, Vol. 352, No. 6292, 2016, p. 1455.

资本存在概念上的差别。生态资本更关注生态环境的质量，强调生态系统服务对人类生存提供的无形服务。生态资本不仅仅包括有使用价值的生态资源，也包括生态质量要素及有序的生态结构和组合。自然资本偏重于能够参与人类生产和生活的自然资源和自然信息。相比较而言，生态资本是一种具有更高价值，不仅体现在生态服务产品上，而且体现在生态服务支撑作用上，生态资本的功能和服务价值体现在生态资本的货币化上。

生态资源、生态资产、自然资本与生态资本既有重合部分，也有所区别。具体来看，相同的是上述四个概念都在经济快速发展与生态退化背景下提出的，希望体现生态对经济增长的贡献。不同的是，生态资源、生态资产和自然资本都是在以经济坐标体系中提出的，以人类中心主义为概念基础，只强调生态的工具价值。然而，生态资本并不是为人类而准备，以生态中心主义为概念基础，强调生态环境存在工具价值和内在价值。相比较而言，生态资本的内涵包括：第一，必须具有使用价值的生态资源才有可能是生态资本。第二，生态资本是可以形成未来现金流，具有资本的增值属性。第三，无论是自然生态系统向人类提供的生态资本，还是人工制造的生态资本，都可以称为生态资本。

三　生态资本补偿内涵与框架

（一）生态补偿

一直以来，生态补偿是国内外学术界竞相追踪研究的热点问题之一。由于生态补偿研究视角不同，并没有形成统一的概念。总的来说，生态补偿分为自然学派观点和经济学派观点。第一种自然学派观点认为，"生态补偿"的概念源于自然生态学，强调自然生态系统的自我修复。《环境科学大辞典》① 将生态补偿定义为生物群落或者生态系统受到外界干扰后，所表现出的自我修复能力。第二种经济学派观点从经济学角度理解生态补偿，认为生态补偿是一种遏制生态退化的经济手段。随着经济社会的发展，第一种生态补偿观点不断被人们所淡忘。国内多数学者对生态补偿概念的界定更倾向于后者，即生态补偿是一种改善生态环境的市

---

① 《环境科学大辞典》编辑委员会：《环境科学大辞典》，中国环境科学出版社 1991 年版。

场交易制度安排。那么，流域是一个天然的集水单元，形成以水—土地及其他自然要素与人文要素组合的生态经济巨系统。流域生态补偿可以理解为在一定流域空间单元内，明确生态效益的建设主体和收益主体，通过建立一种政府与市场相结合的制度，促使生态系统保育外部性内部化，激励建设主体主动参与生态保护工程，从而实现流域生态经济系统可持续发展。从补偿内容来看，流域生态补偿至少包括两个方面：人地补偿和人际补偿，无论人地还是人际补偿，核心目标是实现生态系统与人类可持续发展。但是，在补偿执行中不仅涉及人地关系，更涉及人与人、人与政府之间的利益平衡。那么，干旱内陆河流域生态补偿的作用对象存在两个维度：第一，流域生态系统服务，即人与地（生态关系）；第二，人际关系，即生态系统服务的"提供者"与"受益者"。

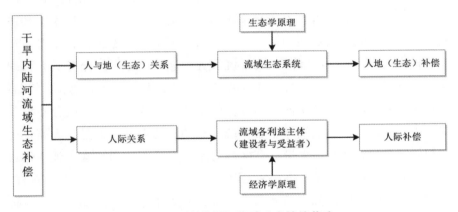

图 1 - 1　干旱内陆河流域生态补偿范畴

（二）生态资本补偿

1994 年，皮尔斯（Pearce D. W.）在《生物多样性经济价值》[①] 一书中明确了生态资本的使用价值和非使用价值。生态资本使用价值属性决定了生态资本"受益者"必须向"供给者"给予一定比例的生态补偿。由于生态资本供给周期长，投资巨大，涉及区域经济发展、产业结构调整、居民消费方式转变，甚至一些地区暂时降低发展速度，部分农户生

---

① Pearce D. W., And G. D. A., Dubourg W. R., "The Economics of Sustainable Development", *Annual Review of Energy & the Environment*, Vol. 19, No. 1, 1994, pp. 457 – 474.

计行为受到约束。干旱内陆河流域社会经济发展水平落后，农户生计脆弱性较高，在这样一种情况下，地方政府和农户并不情愿维持生态资本供给量而威胁到自身利益，至少，从主观积极性和主动性来看，地方政府和农户只有被动接受这一现实。同时，生态资本的"供给者"和"受益者"常常会发生空间分离，使得"供给者"不愿因自己保证生态资本供给量而丧失发展机会，而其他区域却享受着生态资本价值服务。此时，若从外部对生态资本的"供给者"（地方政府和农户）给予相应的经济补偿，就有可能激发"供给者"保证生态资本供给量的积极性，实现生态资本保值和增值的目标。

长期以来，学术界认为生态系统提供的服务价值是建立在一定的社会必要劳动基础上的，简单认为生态系统服务的形成是没有人类劳动投入的认识是片面的。那么，生态系统只有提供服务才具有使用价值，随着人类需要的增大，需要投入越来越多的人力、物力、财力对生态系统进行维护，从而获取更多的生态资本。从效用价值理论出发，生态系统能够提供人类生存所必需的生态系统服务，这种生态系统服务具有稀缺性，这种稀缺性体现在供给相对不足和人类需要无限之间的矛盾。例如：干旱内陆河流域生态系统向外界提供的水源涵养服务，这种服务不仅支持人类生存，而且也是维持生态系统安全的核心要素。但是，人类过度利用和开发生态系统，大量具有生态功能的天然草地和荒漠土地用作耕种或者放牧，造成水涵养服务功能退化，生态安全受到较大威胁。这样，流域生态系统难以源源不断地向人类提供此类生态资本。那么，从保证内陆河流域生态系统安全角度出发，有必要采取一定的补偿措施，激励农户自觉将土地转换为具有生态功能的草地或者林地，满足生态建设的用地需要，保证生态资本供给。那么，土地由生产性质向生态性质转换过程中，势必要牺牲农户的切身经济利益，不公平性由此产生了，而生态补偿正是弥补这种不公平性的最佳手段之一。

同理，本书将干旱内陆河流域生态资本补偿划分为人地补偿与人际补偿。其中，人地（生态）补偿主要依据生态学原理，尊重生态系统自我演替、自我修复规律，投入一定的资金、生态修复技术对受损的生态系统展开恢复，旨在获得更多的生态资本。这个过程中，一般涉及的利益主体有建设者、破坏者、地方政府等。人际补偿更多侧重于利益主体关系的协调，将生态资本价值化，明确提出生态资本受益区和输出区，通过生态资本将"受益者""供给者"连接在一起，让"受益者"向"供给者"给予一定的付费补偿，激励"供给者"的工作积极性。然而，干旱内陆河流域生态系统脆弱，生态资本稀缺，并且经济社会发展水平落后，如果单纯将生态建设项目看成生态资本的补偿手段，某种意义上并没有实现人际补偿。目前，干旱内陆河流域普遍实施了"退耕还林（草）""草地禁牧"等土地利用转换工程，然而上述工程并没有展开基于人地关系的人际补偿。现实情况中，人地（生态）补偿与人际补偿存在紧密联系，人地补偿强调补偿实施后的生态资本供给量增加，人际补偿注重生态资本"受益者"向"供给者"的付费补偿。

本书认为生态资本补偿是生态补偿的子概念，是通过经济学思维对生态补偿概念的进一步补充和发展。限于生态资本的新颖性、复杂性和广泛性，如何清晰地界定生态资本补偿概念是本研究顺利进行的关键之一。本书认为生态资本补偿是一种市场交易制度安排，目的是让生态资本的"受益者"向"供给者"给予经济上的付费补偿。在这一概念基础上，本书认为干旱内陆河流域生态资本补偿是由中央政府主导的一种市场交易制度安排，激励农户将本不应该用作耕种或放牧的土地转换为生态用地，提高流域生态安全水平，增加生态资本供给量。上述概念的界定依据包括以下两个方面：第一，国土生态安全的需要。干旱内陆河流域的生态安全关系到国家生态安全能否实现，中央政府有义务实施一定的生态建设工程和补偿方案，以此激励地方政府和农户的生态保护积极性。第二，生态资本由供给的自然与人文过程所决定。本书将生态系统向人类提供的生态系统服务视为有价值的"资本"，这种资本的供给与土地利用之间存在紧密联系。对于干旱内陆河流域而言，想要获得更多资本，势必要让原本不应该用于耕地或放牧的土地转向生态用地。那么，干旱内陆河流域生态资本补偿的核心在于通过生态资本的"购买者"向"供给者"付费，将生态资本的服务价值转化为"供给者"提供生态资本的财政补偿机制。那么，生态资本补偿需要明确几个关键要素：生态资本"供给者"和"购买者"、生态资本供给量，能增加生态资本的土地利用情景、生态资本补偿标准。本书将土地利用转换项目（退耕还林、退耕还草、草地禁牧等）视为中央政府为了保证生态资本供给行之有效的生态资本补偿政策。

第二节 相关研究综述

一 国外相关研究

18 世纪，法国自然科学家巴丰（Buffon）首次将人类社会经济活动因素纳入自然生态系统分析框架中，强调自然环境对人类发展的作用。[①] 1864 年，马歇尔（Marshall）在《人与自然》一书中提到了生态系统具有水土保持、分解动植物尸体的功能，并且强调人类生产行为会对生态系统产生重要影响。[②] 从此，学术界将资源环境问题纳入经济学研究范畴。1948 年，Vogt 完整地阐述了自然资本内涵，他认为自然资源浪费会削减国家经济偿还能力，为后来自然资源产品（服务）价值评估和付费奠定理论基础。[③] Leopold（1949）和 Sears（1955）进一步发展了生态系统服务理论，尤其指出"土地伦理"以及生态系统服务循环理论。Odum 在文献 *Study of critical environment problem* 中提到生态系统的"害虫控制、传粉、渔业、土壤"等服务功能[④]。后来，Holdren[⑤] 和 Ehrlich[⑥] 从土壤基因库、生物多样性等角度进一步发展了全球生态系统服务研究。随着这些文章的不断传播，生态系统服务逐渐得到人们公认。到 20 世纪 90 年代以后，美国生态学家 Constanza、Daily、Groot 等人对生态系统服务概念界定、评估方法、可持续利用等问题进行了回答。1997 年，Constanza[⑦] 指出生态系统服务就是自然资本，他将全球分为 16 个生态系统类型，并将

---

① 陈勇：《人类生态学原理》，科学出版社 2012 年版。

② 刘向华：《我国排污权交易理论及其运用的探讨》，硕士学位论文，河南农业大学，2002 年。

③ Vogt W. , "Road to Survival", *Soil Science*, Vol. 67, No. 1, 1948, p. 75.

④ "The Williamstown Study of Critical Environmental Problems", *Bulletin of the Atomic Scientists*, 1970.

⑤ Holdren J. P. , Ehrlich P. R. , "Human Population and the Global Environment", *American Scientist*, Vol. 62, No. 3, 1974, p. 282.

⑥ Anne H. , *Population resources environment*, W. H. Freeman, 1970.

⑦ Costanza R. , D'Arge R. , de Groot R. , et al. , "The value of the worlds ecosystem services and natural capital", *Nature*, No. 387, 1997, p. 253.

生态系统服务分成 17 种类型，首次得到全球生态系统服务价值为16×10^{12}美元至 54×10^{12}美元。Groot[1] 将全球生态系统服务分为四大类，主要包括调节、承载、生产、信息等功能。生态经济学家对生态资本的研究并没有停留在理论层面，而是引入了生态补偿概念，尝试解决生态资本外部性问题。最早，Pearce 提出环境资源价值理论，他将环境价值分为使用价值（Use value）、存在价值（Existence value）、选择价值（Option value）。[2] 之后，Mcneely[3] 和 Turner[4] 进一步细分了全球生态系统服务价值，奠定了地球生态系统服务价值与生态资本理论基础。美国学者 Larson[5] 运用生态补偿的湿地评价模型，利用市场机制手段解决湿地退化问题。之后，Johst[6] 运用计算机软件、地理学、经济学等学科知识的生态资本补偿方案，以保护生物多样性为目标。Noordwijk M V[7] 指出生态资本补偿的核心是环境服务的市场机制建设，加强生态资本"供给者"与"受益者"之间的联系，改善土地利用景观格局，增加生态资本供给量。

　　事实上，早在 20 世纪 60 年代，生态资本问题就成为学术界关注的焦点，已有研究不仅界定了生态资本概念，而且还引入市场交易补偿机制，希望解决生态资本的外部性问题。本书在对文献进行梳理后发现，国外生态资本研究取得了突破性进展，尤其在价值分类、评估方法、核算模型等方面。国外生态资本研究对国内研究的启蒙和发展提供了重要的经验借鉴。

---

[1]　Groot R. S. D. , "Functions of Nature: Evaluation of Nature in Environmental Planning, Management and Decision Making", *Ecological Economics*, Vol. 14, No. 3, 1992, pp. 211 – 213.

[2]　Pearce D. Economics, "equity and sustainable development", *Futures*, Vol. 20, No. 6, 1988, pp. 598 – 605.

[3]　Mcneely T. B. , Turco S. J. , "Requirement of Lipophosphoglycan for Intracellular Survival of Leishmania Donovani within Human Monocytes", *Journal of Immunology*, Vol. 144, No. 7, 1990, pp. 2745 – 2750.

[4]　Turner R. , *Valuation of Wetland Ecosystems*, Springer Netherlands: 1991.

[5]　Larson J. S. , Mazzarese D. B. , "Rapid Assessment of Wetlands: History and Application to Management", 1994, pp. 625 – 636.

[6]　Johst K. , Drechsler M. , Wätzold F. , "An Ecological – economic Modelling Procedure to Design Compensation Payments for the Efficient Spatio – temporal Allocation of Species Protection Measures", *Ecological Economics*, Vol. 41, No. 1, 2002, pp. 37 – 49.

[7]　van Noordwijk M. , Leimona B. , "Principles for Fairness and Efficiency in Enhancing Environmental Services in Asia: Payments, Compensation, or Co – Investment?", *Ecology and Society*, 2010.

二 国内相关研究

随着生态经济学的兴起，国内以许涤新和马世俊为代表的经济学家率先认识到生态资本在国民经济中的重要性。此后，刘思华、牛新国、王海兵、严立冬、陈尚等生态经济研究学者开始对生态资本研究展开尝试。经过 30 多年的发展，从最初的生态资本概念到生态资本运营，生态资本书涉及森林[1][2]、海洋[3]、河湖[4]、县域发展[5]等方面。进一步梳理后发现，国内对生态资本研究主要集中在概念、价值判定与计量方法、产权确定、营运服务等层面。

最早，《我们共同的未来》一书中明确提出生态资本概念，将生物圈当作一种最基础的资本，然而并没有明确指出生态资本的具体类型，但是已经尝试用经济学思想解决生态退化问题。胡聃（2001）和武晓明（2005）等人认为生态资本是生态系统服务对人类带来福利。刘思华在《对可持续发展经济的理论思考》一文中认为生态资本与区域可持续发展的存在紧密联系，其中之一观点得到李萍[6]、孙冬煜[7]等人的进一步印证。沈大军认为生态资本至少应该包括某一地区中的生态资源存量、生态系统的自净能力、生态系统服务。这一观点也得到了王海滨[8]等人的认可和进一步发展。范金（2001）、王建民（2002）在刘思华的研究基础上，进一步细分了生态资本，生态资本应该包括自然资源存量、生态系统消纳

---

① 李海涛、许学工、肖笃宁：《基于能值理论的生态资本价值——以阜康市天山北坡中段森林区生态系统为例》，《生态学报》，2005 年第 6 期，第 1383—1390 页。

② 王海滨：《生态资本及其运营的理论与实践》，博士学位论文，中国农业大学，2005 年。

③ 任大川：《海洋生态资本评估及可持续利用研究》，硕士学位论文，中国海洋大学，2011 年。

④ 张竹君：《鄱阳湖地区生态资本及其运营问题研究》，硕士学位论文，南昌大学，2012 年。

⑤ 赵志远：《生态资本支持下的区域经济增长研究》，硕士学位论文，中国海洋大学，2012 年。

⑥ 李萍、张雁：《论西部开发中的环境资本》，《社会科学研究》2001 年第 3 期，第 55—58 页。

⑦ 孙冬煜、王震声：《自然资本与环境投资的涵义》，《环境保护》1999 年第 5 期，第 38—40 页。

⑧ 王海滨在其博士论文中进一步将生态资本纳入社会—生态系统分析框架中，生态资本是该系统提供的存量资源，结构与过程，信息存量。

废物的能力、生态潜力、生态环境质量、各类生态系统服务。这一观点被武晓明、屈志光、邓远建等人进一步拓展。严立冬等人①将环境质量和资源禀赋看成绿色发展的生态资本，将生态资本划分为生态服务型资本、资源型资本、环境型资本。之后，他从狭义的生态资本概念出发，提出水资源生态资本概念②，强调水资源的三种不同属性，即水从"公共物品"演变为"准公共物品"到"私人物品"，水资源的根本属性发生了变化，主要原因是研究视角发生了变化。"公共物品"是基于水的物理性质展开的，强调水是一种生存资料；"准公共物品"是从经济资源出发，强调水的"资源"属性；那么，从私人物品角度出发，水具有"资本"属性，即水生态资本。同时，严立冬还注意到水资源具有质量和纳污能力，他将水资源生态资本划分为水环境质量要素、水资源质量和数量、水生态服务三方面。他提出水资源生态资本化营运是实现价值增值的关键。武晓明等人将生态资本概念引入西部地区发展研究中③。他借鉴黄兴文④和陈百鸣⑤的研究成果将生态资本价值分为五大类：第一，水源涵养服务价值，包括地表水补充地下水，改善水质，调节气候；第二，保护土壤价值，包括减少土地废弃损失，保护土壤肥力；第三，土壤固碳服务价值；第四，维持生物多样性价值；第五，游憩价值和社会价值。此外，武晓明根据西部地区生态资本现状，提出生态资本的形成机制、累积途径以及积累渠道。之后，中国科学院李海涛等人借助能值分析法核算新疆天山北坡中段森林区生态系统的生态资本价值。总体看来，国内对生态资本的研究呈现出螺旋式的上升阶段，由最初的 Costanza、Daily 等人提出的"生态资本"概念雏形到刘思华、严立冬等生态经济学者的

---

① 严立冬、屈志光、黄鹂：《经济绿色转型视域下的生态资本效率研究》，《中国人口、资源与环境》2013 年第 23 期，第 18—23 页。

② 严立冬、屈志光、方时姣：《水资源生态资本化运营探讨》，《中国人口·资源与环境》2011 年第 12 期，第 81—84 页。

③ 武晓明：《西部地区生态资本价值评估与积累途径研究》，《西北农林科技大学》，2005 年。

④ 陈百明、黄兴文：《中国生态资产评估与区划研究》，《中国农业资源与区划》2003 年第 6 期，第 23—27 页。

⑤ 陈百明、黄兴文：《中国生态资产评估与区划研究》，《中国农业资源与区划》2003 年第 6 期，第 23—27 页。

不断推广，生态资本的概念愈加清晰和具体，后来，学者王海滨、屈志光、武晓明、李海涛将生态资本应用到不同研究领域，取得了较好的研究效果。

西北干旱区面积为 $250 \times 10^4 km^2$，平均年降水量为 230mm，蒸发能力为降水量的 8—10 倍，水资源总量约为 $1979 \times 10^8 m^3$，仅占全国的 5.84%，人均水资源占有量仅占全国的 68%。[1] 水资源形成和转换主要依赖水源涵养服务功能。水源涵养服务是干旱内陆河流域生态系统向人类提供的核心服务之一。水源涵养服务的形成是陆地生态系统在一定地理空间和范围基础上，通过自然降雨和蒸发过程，将自然降雨保持在生态系统内的自然过程。该项服务是受到多种自然和人文因素影响，自然因素有地形、蒸发、土壤等因素；人文因素包括土地利用类型、农业主导产业等。[2] 长期以来，干旱内陆河流域大量本该用于生态保育的土地被人们用来耕种和放牧，人类活动导致的生态退化问题尤为突出，生态安全受到极大威胁，生态资本状况堪忧。

第三节　核心理论

一　生态系统理论

20 世纪以来，日趋凸显的环境问题把生态科学推向了前沿，"生态"一词成为家喻户晓的名词。"生态学"最早是由德国博物学家海克尔（Haeckel）在 1866 年提出[3]，起初用德语"oecologie"表示，直到 1893 年才被简化为"ecology"。他认为生态学是关于生物与周围环境相互关系的科学。1935 年，植物生态学家坦斯利（A. G. Tansley）首次提出"生态系统"概念，他强调生态系统中各种生物之间、生物与环境的紧密关系。1940 年，苏联生物学家卡乔夫在生态系统和生物群落基础上，提出"生

---

[1] 陈亚宁、杨青等：《西北干旱区水资源问题研究思考》，《干旱区地理》2012 年第 1 期，第 1—9 页。

[2] 吕一河、胡健等：《水源涵养与水文调节：和而不同的陆地生态系统水文服务》，《生态学报》2015 年第 35 期，第 5191—5196 页。

[3] Novacek M. J. , *Cranioskeletal Features in Tupaiids and Selected Eutheria as Phylogenetic Evidence*, Springer US, 1980.

物地理群落概念"，其中生物群落主要包括植物、动物、微生物群落，生境主要包括气候和土壤，还包括提供生命的介质（水、空气等）。卡乔夫的生物地理群落理论奠定了生态系统最初的概念雏形。1959 年，加拿大召开的第九届国家植物学会议上，"生态系统"这一学术词语被广泛接受。当代生态学家中，对生态系统贡献较大的应该首推 E. P. OdMlm 和 H. T. Odum 两兄弟，他们创造性地提出了生态系统结构和功能理论。在《生态学基础》一书中，他们认为生态系统具有自我更新、调节、组织的能力，生态系统结构越复杂，生态系统自我适应能力越强。[①] 20 世纪 30 年代，美国生态学家林德曼（Lindeman）通过对 50 万平方公里的湖泊展开调查研究，提出生态系统营养物质"百分之十"定律，生态学研究进入了定量化阶段。[②] 之后，Kumar、Schulze 和 Mooney 等人进一步完善生态系统理论，他们都强调生态系统的复杂性、完整性、结构性的特征。1990 年，日本举行的第五届国际生态学大会上，Golley 主席强调人类活动对生态系统的影响。1993 年，国内生态学家马世俊在人类生态学基础上，提出了社会—经济—自然复合生态系统概念（Social-economic-natural complex ecoystem），主要由植物、动物、微生物和人类构成。[③] 生态系统概念得到了学术界的广泛认可，其概念得到了进一步丰富和发展。本书认为，生态系统是在一定空间范围内，由生物群落（包括人）与其周边环境所组成，具有一定的格局，借助于能量流动（物流、能量流、物质流、信息流、价值流）而形成稳定的生态系统。生态系统具有以下三个特征：第一，生态系统具有自我调节、组织、更新的能力，并且在生态系统内群落、结构和功能之间存在紧密的联系。第二，生态系统内能量流动是单向的，物质流动是循环的。第三，生态系统内营养数目有限，通常不会超过 6 个。[④]

　　本书遵循上中下游分区优先、植被景观主导、突出水因子等原则，参照程国栋先生根据地形、气候、生态系统主体类型以及水资源变化趋

①　Odum Eugene P. ，Barrett Gary W. ：《生态学基础》，高等教育出版社 2009 年版。

②　Lindeman Raymond Laurel：《生态学中的营养动力论》，高等教育出版社 2016 年版。

③　陈国阶：《论生态建设》，《中国环境科学》1993 年第 13 期，第 219—223 页。

④　梁士楚、李铭红：《生态学》，华中科技大学出版社 2015 年版。

势的划分标准，将干旱内陆河流域划分为三大生态系统（见图 1-2）。上游山地生态系统主要分布在高海拔山区，这些地区气候阴冷寒湿、植被较好、年降雨量 350mm 左右，是流域水资源产蓄区。根据自然景观差异，可以将上游生态系统分为山地森林和山地生态系统。生态系统由生产者、消费者、分解者组成，其中食物链越丰富，营养级越复杂。生产者包括乔木林、灌木林、草本植被、旱生小灌木为主，消费者中比较常见的有牛、羊、马等，也存在一些肉食动物消费者。由于气候、温度的适宜，该系统中存在大量分解者，在生态系统循环中发挥了重要作用。中游绿洲和荒漠生态系统，由于人类因素的存在，该系统中主要包括人工绿洲生态系统、绿洲—荒漠生态系统、荒漠生态系统。植被主要以半人工植被和自然植被，生产者主要以梭梭、花棒、甘蒙锦鸡儿等，然而这些初级生产者大多具有贫乏性、古老性、独特性等特征。[1] 下游荒漠生态系统分布有荒漠植被、各种盐生和沼泽草甸植被及沿水系分布的乔灌林。这些植被对流域水源涵养和防风固沙、维护生态安全起到重要作用。

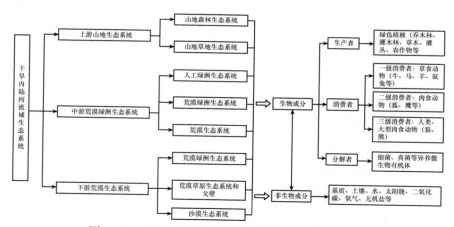

图 1-2 干旱内陆河流域生态系统构成和要素组分[2]

---

[1] 程国栋等人在对黑河中游荒漠绿洲生态系统调查中发现，样地内多个单位面积物种数为 25 种/km²，远低于其他生态系统；刘媖心（1982 年）指出，荒漠植被大多数属于古老残遗物质，是分布在第三纪甚至是白垩纪的残遗种。独特性主要由于生态条件极端残酷所决定，发育了本地特有属和特有种，如棉刺属（Potaninia）。

[2] 程国栋：《黑河流域:水、生态、经济系统综合管理研究》，科学出版社 2009 年版。

二 生态资本理论

事实上，早期的经济学中，生态要素对经济增长的贡献并没有引起人们足够重视。譬如，哈罗德增长模型[①]、多马增长模型[②]最突出的特点是对经济增长的生态基础摒弃。到了 20 世纪 70 年代，随着生态退化问题的突出，增长极限话题成为经济学研究的焦点。米都斯[③]等人开始关注地球生态系统与资源环境极限问题有可能使全球经济进入低谷。于是，诸多学者开始认识到经济增长过程中生态系统退化问题，开始将环境福利纳入经济增长研究框架。同时，现代经济出现三个重大转变[④]：由工业文明向生态文明转变、物质经济向知识经济转变、经济道路的非持续向可持续性转变。三种转变过程中，人们逐渐认识到生态环境是最关键的"资本"之一，主要表现在以下方面：第一，提供资源。自然资源是经济增长基本投入要素之一。第二，废物分解。生态系统不断接受、消纳、降解人类排放出来的废弃物。第三，生态系统为人类提供舒适性环境享受。

20 世纪初，自然资本概念得到了社会各界的广泛认可，在此基础上进一步凝练出"生态资本"概念，并且逐渐发展成生态资本理论。生态资本理论认为人类行为必须要受到生态环境条件的约束。在生态资本理论指导下，人类社会必须要经历几个转变：第一个是人们观念和行为的转变。传统西方经济学一味强调资金、劳动、技术等要素对经济增长的贡献，而忽视了生态与资源的存在，这种观念必须发生深刻变革，与之相匹配的是人类生产行为发生的变化。第二个是单一资本结构向复合资本结构转变。人类社会进步，资本的贡献是巨大的。随着经济社会的不断进步，单一资本结构越来越不能适应生产力的发展要求，势必要求资本的优化配置，尤其重视生态资本对可持续发展的贡献。第三个是外部成本向内部转变。在人类日常生产和消费活动中，个体经济行为对其他

---

① Roy H., "An Essay in Dynamic Theory", *Economic Journal*, Vol. 49, 1939, pp. 14–33.

② Domar E. D., "Capital Expansion, Rate of Growth, and Employment", *Econometrica*, Vol. 14, No. 2, 1946, pp. 137–147.

③ 米都斯、丹尼斯、李宝恒：《增长的极限》，吉林人民出版社 1997 年版。

④ 刘思华、刘泉：《绿色经济导论》，同心出版社 2004 年版。

经济主体带来环境质量改变，即生态影响。这些问题必须从采用"外部性问题内部化"方法去解决。第四个是单一收益向综合收益转变。生态资本理论注重生态效应、经济效应、社会效益三者之间的统一，强调整体收益最大化。

总结起来，生态资本理论的核心观点主要涵盖以下方面：（1）生态资本将生态环境视为一种"资本"，充分体现其价值，符合全球未来发展要求。（2）生态资本是可持续发展的重要基石。可持续发展要求持续不断的循环，要求生态资本能更好地发挥功能，就必须建立科学的人与自然关系。（3）生态资本运营理论。本书认为，生态资本是能够创造价值的生态资源、生态资产和生态系统服务。生态资本具有资本的保值和增值的属性，保值体现在生态资本的质量和数量不下降。增值体现在生态资本向人类提供的生态福利不降低。那么，在生态资本运营思想①②的指导下，生态资本可以借助一定的补偿手段，实现生态资本的保值和增值。

在干旱内陆河流域绿洲化和荒漠化发展过程中，水资源是最重要的关键因子。③ 本书将水源涵养服务视为流域生态系统向人类提供的生态资本之一，如何实现该种生态资本的保值和增值，是本书的主要目标。对待生态资本，不应仅仅注意在它减少时给予必要补偿，更应该关注在它还没有出现明显减少时，注重生态资本存量，与其等到生态资本存量超过安全阈值，还不如提前采取各种补偿措施保证生态资本供给量在一定的合理区间范围内。

三　生态安全理论

近年来，随着多学科不断交叉发展，安全概念不断扩展到生态研究领域。目前，学术界对生态安全的概念并没有形成一个公认的定义。到目前为止，生态安全定义有广义概念和狭义概念之分。以国际应用系统

---

① 严立冬、谭波、刘加林：《生态资本化：生态资源的价值实现》，《中南财经政法大学学报》2009 年第 2 期，第 3—8 页。

② 严立冬、邓远建、屈志光：《绿色农业生态资本积累机制与政策研究》，《中国农业科学》2011 年第 44 期，第 1046—1055 页。

③ 陈亚宁、郝兴明等：《干旱区内陆河流域的生态安全与生态需水量研究——兼谈塔里木河生态需水量问题》，《地球科学进展》2008 年第 23 期，第 732—738 页。

分析研究所为代表①，广义生态安全是指维持人类工作、生活以及社会秩序，保证人类适应社会—生态环境的能力不受到外部的威胁。狭义生态安全主要出于生态系统自身安全考虑，重视自然生态系统向人类提供的各类形式的生态系统产品和服务，强调自然生态系统功能的可持续性。国外 Malin Falkenmark②，Carl Folke③ 等人详细阐述了狭义层面的生态安全的内涵，将生态系统安全作为地球人类可持续发展的必要环境来审视，并将生态安全的概念扩展到自然生态系统向人类提供的水资源、食物以及自然资源等领域。从生态安全的研究发展脉络来看，研究内容主要包括了生态系统自身安全、生态系统服务提供、生态安全评价三个方面。④虽然生态安全概念处于发展之中，但至少包括以下内容：生态安全是指区域人类生存所需的生态系统服务和产品能够得到源源不断的供应，同时不损害自然生态系统的自我恢复能力，并使其处于自我维持、自我发展的安全阈值范围内。简单来说，生态安全的目标是保持生态系统各项功能正常的前提下实现人类福祉最大化。

随着学者对生态安全研究的不断深入，生态资本供给与生态安全的紧密关系得到广泛认可，生态资本供给是生态安全的正向指标⑤，生态系统功能健康的区域生态资本供给能力越强，生态系统安全越高，反之生态资本供给可持续差，生态系统暴露的生态风险越高。随着人类技术和工具的不断发展，自然生态系统的生态安全受到了前所未有的挑战。生

---

① 肖笃宁、陈文波、郭福良：《论生态安全的基本概念和研究内容》，《应用生态学报》2002 年第 13 期，第 354—358 页。

② Falkenmark M.，"Human Livelihood Security Versus Ecological Security-An Ecohydrological Perspective. Proceedings, SIWI Seminar, Balancing Human Security and Ecological Security Interests in a Catchment-Towards Upstream/Downstream Hydrosolidarity"，Stockholm，Sweden：Stockholm International Water Institute，2002.

③ Folke C.，"Entering Adaptive Management And Resilience Into The Catchment Approach. Proceedings, SIWI Seminar, Balancing Human Security and Ecological Security Interests in a Catchment-Towards Upstream/Downstream Hydrosolidarity"，Stockholm，Sweden：Stockholm International Water Institute，2002.

④ 崔胜辉、洪华生等：《生态安全研究进展》，《生态学报》2005 年第 25 期，第 861—868 页。

⑤ 王晓峰、吕一河、傅伯杰：《生态系统服务与生态安全》，《自然杂志》2012 年第 1 期，第 273—276 页。

态系统正在经历着前所未有的退化，尤其体现在生态用地被大量占用，很多具有生态价值的土地转变为生产性用地，如林地、草地、荒漠逐渐转变了耕地或者建设用地，土地逐渐丧失了生态价值，导致生态资本供给能力受到严重威胁。

那么，保证生态安全，获得最大的生态资本是生态建设必须遵守的原则，尤其在生态脆弱地区更具有特殊的意义。干旱内陆河流域的生态资本与生态安全二者互为前提存在，生态安全是生态资本保值与增值的前提，生态资本保值能够保证生态安全。肖笃宁等[1]强调干旱内陆河流域生态安全应以水生态系统安全为核心，水不仅仅是人类生存的关键资源，同时也维持合理生态需水量对保证生态安全具有重要意义。人类对自然的改造，本质是使原始的最优质的土地进行人工化的过程，强制改变土地利用格局景观，导致土地的生态价值向生产价值转变，大量挤占了原本维持生态系统安全的水资源，削弱了流域生态系统自我恢复的功能，导致生态资本供给能力下降。干旱内陆河流域生态安全的前提是水—土安全问题[2]。那么，本书中的生态资本保值与生态安全在内涵上是一致性的，想要实现这个目标，需要实施一些土地利用转换工程（在不适宜耕种和放牧的区域实施退耕还林（草）或者草地禁牧措施，发挥土地的生态资本供给功能），最终达到流域生态安全与生态资本供给可持续的双重目标。

四 公共物品理论

最早，大卫·休谟（D. Hume）在《人性论》[3] 中提到建立政府的原因是为了确定相互契约以此来规范集体行动，实现每个人利益不受到损害，解决公共物品领域里面的"搭便车"问题，但是，他并没有从理论角度进一步阐述公共物品概念和相关内容。1954 年，保罗·萨缪尔森（P. A. Sumelson）明确了公共物品的概念，他假设了两类消费品，一类是

---

[1] 肖笃宁、陈文波、郭福良：《论生态安全的基本概念和研究内容》，《应用生态学报》2002 年第 13 期，第 354—358 页。

[2] 陈亚宁：《干旱荒漠区生态系统与可持续管理》，科学出版社 2009 年版。

[3] 大卫·休谟：《人性论》（下册），陕西师范大学出版社 2009 年版。

私人消费品，另一类是公共消费品，公共消费品由全部人使用，任何一个人消费此类物品也不会减少他人的消费。那么，判断一种物品是属于公共物品还是私人物品，主要标准是该项物品是否具备非竞争性和非排他性。正是由于公共物品的三个特征，就发生了大卫·休谟指出的"公共的悲剧"。由于公共物品的"搭便车"现象，社会公共财政职能得以加强，大卫·休谟认为公共财政是个人在眼前或者长远利益之间合理配置资源，实现全体社会成员的利益最大化。在公共财政配置资源方面，有许多现成的例子，最具有代表性的属于生态环境领域。1962 年，布坎南（J. M. Buchahan）和斯塔布尔宾（W. C. Stubblebine）[①] 合作发表了一篇题为《外部效应》[②] 的文章中明确了外部效应的定义，外部效应是指相关不利影响却没有得到合理的补偿。

　　生态系统向人类提供的多数生态系统服务属于公共物品，例如：干旱内陆河流域多数人都有公平地享受生态资本提供的服务的权利，任何一个人对生态资本的消费并不可能阻止他人对其的消费。由于生态资本具有非竞争性和非排他性的属性，时常出现生态资本的"搭便车"现象和"公地悲剧"，即生态资本"受益者"并没有向"供给者"进行付费。为了避免干旱内陆河流域生态资本领域出现"搭便车"问题。有必要从经济学视角出发，通过生态补偿制度来尽可能减小发生概率。内陆河流域的生态资本服务范围具有一定限制性，而"受益者"不仅仅局限在流域上游，还会涉及范围更大的中下游地区。实际中，干旱内陆河流域"受益者"并没有因为享受到生态资本而做出或者打算承担生态资本供给成本，局外"受益者"搭了局内"供给者"的便车。

　　那么，就需要在生态资本补偿中植入外界公共理论（中央政府）来解决生态资本"搭便车"问题。通常来说，干旱内陆河流域生态资本所有权归属于国家，使用产权归集体或全体民众所有，使生态资本具有经

---

　　① Buchanan J. M., Stubblebine W. C., "Externality", *Economica*, Vol. 29, No. 116, 1962, pp. 371 – 384.

　　② 他们对外部效应给出了自己的定义：只要某一个人的效用函数（企业的生存函数）所包含的变量是另一个人（或企业）的控制之下，即存在外部效应，可用公式表示：$U^A = U^A(X_1, X_2, X_3 \cdots, X_n, Y_1)$；即是说，若一个人 A 的效应，不仅仅受到其所控制的活动 X_1, X_2, $X_3 \cdots$, X_n 的影响，而且还要受到 Y_1 的影响。而又在第二个人 B 的控制下，即发生了外部效应。

济意义上的排他性。但是，即便是排他性的产权内配置生态资本，也不一定能实现生态资本的保值和增值目标。因为，理论经济人意识到，为了使生态资本供给可持续，需要放弃土地短期高收益经济活动而去投资那种长远并且存在未知收益风险的经济活动，例如，"退耕还林（草）""草地禁牧"等生态建设工程。一般情况下，公共力量介入或者政府接管是实现生态资本保值的重要手段，但完全由政府接管并不是生态资本保值的唯一方式，有时候会存在负面作用。因为，以干旱内陆河流域水涵养服务表征的生态资本，生态资本的"受益者"存在"逆向选择"和"道德风险"，从而会给"受益者"造成不管怎么样过度利用，都会有政府治理干预治理，不至于让生态资本赖以维系的流域生态系统发生最坏变化的认识。此时，就需要通过经济学手段创新激励制度，激励生态资本的"受益者"能够像使用私人资本那样来保护生态资本，实现生态资本保值目标。

五　博弈理论

早期，"博弈论"（Game Theory）是一种关于游戏的理论，也称之为"对策论"。博弈论主要研究人们策略之间的相互依赖关系[①]。早期博弈论体现在现代经济学研究中，最具代表性的当数古诺（1938）的寡头竞争模型、埃奇沃斯（1881）的合同曲线、齐默罗（1913）的逆推归纳法（backward induction procedure），它们都对博弈论的形成和发展起到了重要作用。1944 年，美国经济学家冯·诺依曼（V. Neumann）和摩根斯坦利（O. Morgenstern）合著的《博弈论与经济行为》[②] 出版，标志着博弈论的正式诞生。20 世纪 50 年代后，纳什（John Nash）提出均衡点，即我们所说的"纳什均衡"。之后，Melvin Dresher 和 Merrill Flood 对塔克（A. W. Tucker）的"囚徒困境"进行博弈实验。这些研究成果极大地推动了博弈论的发展。20 世纪 70—90 年代，博弈论进入了实践应用时代。奥曼（1959）提出了"强均衡"概念和理论、Thomas C. Schelling 的《冲

---

① 范如国：《博弈论》，武汉大学出版社 2011 年版。
② 诺伊曼：《博弈论与经济行为》，生活·读书·新知三联书店 2004 年版。

突的策略》（1960）①（The strategy of conflict）引进了"博弈焦点"概念；赛尔腾（Selten）、海萨妮（Harsanyi）等人将博弈理论由静态向动态转变②。

博弈理论为解决生态资本供给"囚徒困境"提供一种经济学解释。一种补偿制度激励生态资本供给者参与到土地利用转换项目，实现生态资本保值。干旱内陆河流域生态资本"供给者"和"受益者"在追求自身权益最大化的同时，往往不会考虑到其他利益主体，而通过博弈得到的最终结果并非能够达到"纳什均衡"状态，此时流域公共部门制定出管理契约，约束博弈双方行为，实现各主体利益最大化。动态博弈中博弈双方的行为存在先后次序，并非是同一时间做出的。既然博弈双方都不在同一时刻展开行动，在多数情况下，后选择的博弈方在自己选择之前都可以观察到先于自己选择的博弈方的信息和行为，后选择的博弈方掌握了关于前选择博弈方的完全信息。③ 然而，完美信息动态博弈在现实中几乎不存在。通常，由于博弈双方保密、信息传递不畅或信息的非对称，可能存在少数后选择的博弈方非完全了解前选择方的参与行为以及重要信息。将动态博弈放置于现实生活中，博弈结果会受到博弈双方行为、博弈均衡条件、博弈次数、次序等诸多因素影响。

生态资本补偿中将补偿主体看作先选择的博弈方，将补偿客体看作是后选择的博弈方，补偿客体能够率先获取补偿主体的行为和信息（补偿标准、支付方式等）。当补偿标准合理时候，补偿客体会按照补偿主体设定的条件执行。当补偿标准不合理，远低于补偿客体的心理预期时，补偿客体并不能按照补偿主体设定的契约去执行。生态资本的使用价值决定了生态资本保值就必须给予相应主体一定的生态补偿④。进一步说，生态资本增长周期长，需要投入大量的人力、物力、财力实现生态资本保值与增值的目标。在经济发展水平落后的内陆河流域，任何地区都不愿降低自身发展速度和丧失发展机会。基于动态博弈理论以及生态资本

① ［美］谢林：《冲突的战略》，赵华译，华夏出版社 2006 年版。
② Harsanyi J., "Journal of Political Economy", *Journal of Political Economy*, Vol. 120, No. 4, 2012, p. 3.
③ 范如国：《博弈论》，武汉大学出版社 2011 年版。
④ 邓远建：《区域生态资本运营机制研究》，中国社会科学出版社 2014 年版。

供给规律，为了实现生态资本供给成本内部化，就必须采取具有正向激励的补偿政策，激励流域补偿客体朝着补偿主体设定的预定目标努力，此时补偿主体会运用先行优势影响补偿客体的参与策略。

六 契约理论

对经济活动而言，契约是交易双方达成的一种交易协议，即双方根据各自的利益达成的相互之间的承诺。契约论产生于19世纪70年代，源于瓦尔拉斯市场的激励理论和市场交易成本理论。到了20世纪30年代，伯利和米恩斯提出"委托—代理理论"，依据制度或者契约，委托人授予代理人行使一定的决策权利，专门制定其他行为主体向其提供一定产品或者服务，根据提供产品和服务数量或者质量向供给者给予一定费用。交易双方存在利益冲突或者信息不对称，需要委托人制定出具有激励性的交易政策，提高代理人积极性。干旱内陆河流域生态资本补偿中，中央政府和地方政府存在典型的"委托—代理关系"。地方政府作为生态资本补偿的"执行者"，不仅要保证生态资本保值与增值，而且要实现生态资本供给者不陷于贫困状态。然而，中央政府因精力有限不能对地方政府行为的监督实现面面俱到，导致委托方（中央政府）和代理方（地方政府）之间存在非对称信息，导致出现生态资本补偿中的"激励不相容"的问题。因此，中央政府给地方政府的激励不仅取决于生态资本供给量，而且还取决地方政府完成其他任务的可衡量性。摆在委托方（中央政府）面前的是，如何设计出最合理的激励制度，调动代理人（地方政府）积极参与土地利用转换工程，提高生态资本供给量具有非常重要的实践价值。

那么，反思本书需要回答的核心问题，也存在这样一种契约交易关系。基于流域生态资本供需规律在"供给者"与"受益者"之间建立起来一种交易关系，这种交易包括两方面，一方面是地方政府之间建立起来的（生态资本供给者和受益者的代理方）交易关系，另一方面是生态资本"供给者"与"受益者"之间的交易关系。那么，本书中生态资本补偿实质是中央政府主导实施的市场交易制度安排，需要在生态资本的"供给者"与"收益者"之间建立一种公平、合理的契约交易关系，以便保证双方利益不受损害，实现生态资本的保值和增值。

第四节　本章小结与对本书的启示

本书从经济学、生态学视角出发，根据国内外 Hick[①]、Pearce Turner[②]、Daly[③]、Costanza[④]、刘思华[⑤]、牛新国等[⑥][⑦]、胡聘等[⑧]、王海滨[⑨][⑩]、武晓明[⑪]、严立冬等[⑫][⑬]等学者对生态资本的研究成果，本书尝试对生态资本相关概念作进一步界定。本书认为干旱内陆河流域由于特殊的自然地理条件及资源禀赋特征，生态资本是能够创造价值的生态资源、生态资产以及生态系统服务。生态资本能够作用于人类发展，能够自主或者同其他资本一起共同产生未来现金流，可以增加人类福祉或者服务经济社会发展，同时对维持流域生态系统安全起到重要作用。生态资本具有资本的一般属性，即稀缺性和增值性。按照这一逻辑再结合干旱内陆河流域生态系统封闭性和特殊水—生态过程，本书主要选取干旱内陆河流域生态系统服务中的水涵养服务表征生态资本（下文不再赘述）。

---

① Hicks J. , "Capital Controversies: Ancient and Modern", *American Economic Review*, Vol. 64, No. 64, 1974, pp. 307 – 316.

② 过建春：《自然资源与环境经济学》，中国林业出版社 2008 年版。

③ Daly H. E. , "Beyond growth: the economics of sustainable development", *Economia E Sociedade*, Vol. 29, No. 4, 1996, p. 6.

④ Costanza R. , D'Arge R. , Groot R. D. , et al. , "The value of the world's ecosystem services and natural capital", *World Environment*, Vol. 378, No. 1, 1999, pp. 3 – 15.

⑤ 刘思华：《对可持续发展经济的理论思考》，《经济研究》1997 年第 3 期，第 46—54 页。

⑥ 牛新国、杨贵生等：《略论生态资本》，《中国环境管理》2002 年第 1 期，第 18—19 页。

⑦ 牛新国、杨贵生等：《生态资本化与资本生态化》，《经济论坛》2003 年第 3 期，第12—13 页。

⑧ 胡聘：《从生产资产到生态资产：资产—资本完备性》，《地球科学进展》2004 年第 2 期，第 289—295 页。

⑨ 王海滨：《生态资本及其运营的理论与实践》，博士学位论文，中国农业大学，2005 年。

⑩ 王海滨、邱化蛟等：《实现生态服务价值的新视角（一）——生态服务的资本属性与生态资本概念》，《生态经济》2008 年第 6 期，第 44—48 页。

⑪ 武晓明、罗剑朝、邓颖：《生态资本及其价值评估方法研究综述》，《西北农林科技大学学报》（社会科学版）2005 年第 4 期，第 57—61 页。

⑫ 严立冬、陈光炬等：《生态资本构成要素解析——基于生态经济学文献的综述》，《中南财经政法大学学报》2010 年第 5 期，第 3—9 页。

⑬ 严立冬、谭波、刘加林：《生态资本化：生态资源的价值实现》，《中南财经政法大学学报》2009 年第 2 期，第 3—8 页。

　　在这一概念基础上，本书认为干旱内陆河流域生态资本补偿是由中央政府主导的一种市场交易制度安排，激励农户将本不应该用作耕种或放牧的土地转换为生态用地，提高流域生态安全水平，增加生态资本供给量。那么，干旱内陆河流域生态资本补偿需要明确几个关键要素：生态资本"供给者"和"购买者"、生态资本供给量，能增加生态资本的土地利用情景、不同土地情景下生态资本补偿标准、受偿意愿。本书将土地利用转换项目［"退耕还林（草）""草地禁牧"等生态建设工程］视为中央政府为了保证生态资本供给行之有效的生态资本补偿政策。

第二章

干旱内陆河流域生态资本补偿的
研究逻辑

第一节 生态资本补偿的必要性

一 生态资本补偿的自然过程

生态资本补偿的自然过程，需要明确生态系统服务与生态资本的关系。自1935年Tansley提出生态系统概念后，这一概念得到广泛认可和传播。生态系统能够向人类生存提供各种生态产品和非实物服务功能，称之为"生态系统服务"（Ecosystem service）。生态系统服务的内涵随着生产力发展而不断加深。Constanza认为生态系统提供的生态产品和功能视为生态系统服务，并且从生物圈角度将全球生态系统划分为16个子生态系统，又将生态系统提供的服务分成17个类型。欧阳志云[①]指出，生态系统服务是生态系统与自然过程中维持人类所需的生存条件和自然资源，包括食物、生产和生活原料、维持人类生命系统、地球循环等服务功能。本书认为，干旱内陆河流域生态系统能够向人类提供具有正向效用的生态产品和生态服务，譬如水源涵养服务。可以从载体、途径、效应等方面进一步理解流域生态系统服务产生的过程（见图2－1）。从载体来看，流域非生物环境是流域生态系统服务产生的载体，土壤、大气、阳光等。从途径来看，分为物理途径和化学途径产生，最终体现在生态过程中。从效应来看，流域生态系统服务注重对人类福祉

---

① 欧阳志云、王效科：《中国陆地生态系统服务功能及其生态经济价值的初步研究》，《生态学报》1999年第19期，第607—613页。

的正向效应。

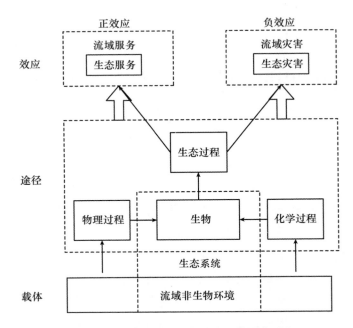

图2-1 干旱内陆河流域生态系统服务过程

根据联合国千年生态系统评估（MA）的分类，可以将流域生态系统服务划分为四类：供给、调节、文化和支持服务[①]。其中供给服务中的水源涵养服务[②]受到学者的广泛关注[③]。流域水源涵养服务不仅受到自然气

---

① 供给服务：生态系统提供食物资源、基因资源、植物纤维、燃料、化学品、药材、装饰品和饮用水等；调节服务：对气候调节、空气质量、水资源分布和质量、废弃物吸纳等；文化服务：为人类提供非物质收益，让人类精神上得到满足；支持服务：初级生产力，土壤形成与保持、养分循环、水循环和提供栖息地。

② 水源涵养服务是指生态系统在一定的时空范围和条件下，将水分保持在系统内的过程和能力，维持稳定的水资源和生态系统安全。

③ 吕一河、胡健等：《水源涵养与水文调节：和而不同的陆地生态系统水文服务》，《生态学报》2015年第15期，第5191—5196页。

象因素的影响①，而且也会受到人类活动的制约②。已有研究表明，土地利用景观格局与水源涵养服务供给之间存在非常紧密的联系③。本书认为生态资本供给的自然过程，实质是内陆河流域生态水文过程，即干旱内陆河流域生态系统通过对降雨的截留、吸收和储存，改善流域水文循环路径和水分储存模式，调节流域地表水、土壤水和地下水之间存储的关系（见图2-2）。

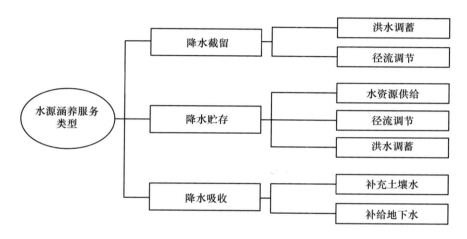

图2-2 干旱内陆河流域水源涵养服务类型④

在干旱内陆河流域中，水资源是制约经济发展和生态安全的关键因素。水源涵养服务不仅决定人类能够获得的水资源量，而且还关系到流域生态安全。正是水源涵养服务，人类才有可能获得源源不断的水资源，也能够享受到流域生态系统提供的各项生态服务。长期以来，人们仅认识到水源涵养服务的稀缺性，但是并没有真正将这种水源涵养的服务功

① 尹云鹤、吴绍洪等：《过去30年气候变化对黄河源区水源涵养量的影响》，《地理研究》2016年第1期，第49—57页。

② 李辉霞、刘国华、傅伯杰：《基于NDVI的三江源地区植被生长对气候变化和人类活动的响应研究》，《生态学报》2011年第19期，第5495—5504页。

③ 邵全琴、赵志平等：《近30年来三江源地区土地覆被与宏观生态变化特征》，《地理研究》2010年第8期，第1439—1451页。

④ 乔飞、富国等：《三江源区水源涵养功能评估》，《环境科学研究》2018年第6期，第1010—1018页。

能当作"资本"对待。本书从干旱内陆河流域水资源短缺和生态安全问题日益加重的背景出发，将水源涵养服务看成一种重要的生态资本。那么，水资源问题也逐渐演变成经济学视域中的生态资本保值和增值问题，相应的水源涵养服务也有"公共物品"转变为经济学中的"准公共物品"，甚至向"私人物品"转变，水源涵养服务的属性发生了由生态资源向生态资本的变化。本书认为，干旱内陆河流域生态资本补偿的自然过程实质是生态水文过程，按照土地利用景观与生态系统服务的关系，旨在通过生态系统的自我修复和人工干预手段，将土地利用方式向有利于生态资本供给的方向转换，提高生态系统安全水平。

二　生态资本补偿的人文过程

生态资本补偿的人文过程是存在一定基本理论假设的，即土地使用者以一定的机会成本维持流域生态资本供给量。然而，一些生态资本的"受益者"并没有支付相应费用。经济学通常将这种收益看成生态资本的正外部性，因为土地使用者的正外部性，才造成了生态资本补偿的必要性。生态资本补偿作为一种市场交易工具，通过精确估算生态资本供给量，确定生态补偿目标，并通过一定的市场交易制度安排，引导土地利用者自觉参与到土地转换工程中来，将生态资本外部性问题内部化。在实践中，生态资本补偿存在一个核心问题需要回答，即对人际补偿和人地补偿做出抉择。

生态资本总是有一个"受益者"，也只有在生态资本"受益者"的前提下，人际补偿才具有存在意义。目前，干旱内陆河流域的生态补偿多按照生态保育责任展开，仅局限在人地（生态）补偿范围内，中央政府承担了大多数的付费责任，并没有真正意义上对生态资本的"供给者"和"受益者"展开补偿实践。然而，开展人际补偿是存在一定难度的。这种难度来自两个方面：第一方面，生态资本的"受益者"和"供给者"并非存在于相同区域内，通常会涉及更大的尺度空间范围。例如：石羊河南部祁连山区地方政府和农户是生态资本的重要"供给者"，但是生态资本"受益者"分布在流域中下游，乃至于全国其他区域，这就存在了生态资本补偿范围问题。第二方面，石羊河下游区域经济发展水平落后，难以承担生态资本付费，并且下游地区也是生态资本的间接"供给者"。

下游荒漠区的地方政府和农户承担着繁重的防沙治沙任务，通过实施退耕还林（草）、草地禁牧等土地利用转换工程，确保全流域不受风沙灾害的影响。如果单纯地将干旱内陆河流域生态资本补偿按照外流河生态资本补偿看待（例如：黄河流域、长江流域等），这种生态补偿过于狭隘，并且补偿方案实施中会遇到相当大的执行阻力。

明确人地补偿与生态资本供给的关系，首先要了解内陆河流域人地补偿范畴内的生态建设内涵。早在 20 世纪 80 年代，我国生态学家马世俊①就认为，在生态学理论基础上，通过运用综合技术手段，不仅仅实现原有生态系统保护、恢复和改善。那么，干旱内陆河流域的生态建设通常是人们解决生态系统衰退和自然资源滥用问题，明确采取何种类型的土地转换措施，达到生态安全的目标。干旱内陆河流域生态资本补偿的意义不局限在修复受损的生态系统，而且还要实现流域生态资本保值和增值，通过"退牧还草""退耕还林（草）"工程增加生态用地的面积和质量，不仅将受损的生态系统纳入生态建设中，而且还要约束周边利益主体的行为。

政府将生态资本补偿中对人的补偿看作是对土地使用人给予一定的补偿，但是这种生态补偿仅仅是单方面的生态补偿，并没有建立起以生态资本"供给者"和"受益者"之间的人际关系补偿。如果，未来干旱内陆河流域生态资本补偿领域中，能够建立起人与生态关系的人地补偿，那就能够弥补生态资本中的"搭便车"行为和政府单方面补偿不足问题。石羊河的生态资本具有很强的外部性和公共性特征，只有建立完善的生态补偿政策才能激励"供给者"提供更多的生态资本。但是，已有生态补偿政策执行中存在一个问题，即对生态资本供给者的付费不足，补偿标准偏低，尤其对农户的激励不足，导致农户参与土地利用转换工程的积极性不高。

---

① 中国科学院环境科学委员会：《关于加强生态环境建设的意见》，《生态学杂志》1989 年第 5 期，第 58—63 页。

第二节　生态资本补偿的主客体界定

生态补偿对于达到生态资本保值和增值目标具有积极作用。但是，由于生态资本"供给者"和"受益者"之间缺乏信息沟通，再加之生态资本产权不明晰、市场交易制度不完善的原因，生态补偿项目的实施效果并不理想。同时，由于生态资本具有一定外部受益性，经常造成生态资本"供给者"和"受益者"很难确定，这给生态资本补偿的成功实施带来了制度壁垒。那么，想要解决生态资本的外部性问题，关键在于确定合理的生态资本"供给者"和"受益者"。由于生态资本的"供给者"和"受益者"在空间地理上具有不重合性，造成生态资本补偿很难找到真正受益的"购买者"。

一　生态资本的"购买者"（补偿主体）

经济学意义上的"购买者"，是指生态资本价值服务的受益主体。但是，由于生态资本的空间流动性，造成了生态资本"供给者"和"受益者"的空间不一致性，这为确定生态资本的"受益者"带来了较大的难度。大多数研究中，将生态资本的"受益者"分为两大类：一种是生态资本的真正"受益者"，也称为"用户付费"；另外一种"受益者"是指生态资本使用者的代表，最具代表性的当属政府等公共管理机构，也称为"政府付费"。两类生态资本"受益者"的主要区别并不是谁来为生态资本买单，而是取决于谁拥有购买生态资本的权利。从市场交易理论出发，用户付费相较于政府付费而言，更能有效地激励生态资本的"供给者"提高土地转换比例。但是，实践过程中，"用户付费"带有一定的随机性和不确定性，造成生态资本补偿难以执行，往往只能选择"政府付费"。那么，在"政府付费"的生态资本补偿执行中，政府购买作为生态资本"受益者"的第三方，承担了大部分生态补偿的付费责任。

回到本书研究区石羊河流域，生态资本的"供给者"主要分布在流域上游，中下游地区作为生态资本的"受益者"。若单纯按照"谁受益、谁补偿"原则，划分生态资本的"购买者"，带来的结果是生态资本补偿政策难以执行。一方面，石羊河流域中下游地区起到了阻止土地沙化扩张，防止土壤退化和防风固沙的作用，发挥重要的生态安全屏障功能。另一方面，生态资本具有空间传递和外溢的特征，生态资本的"受益者"不仅局限于整个流域，还包括整个中国甘肃省、宁夏、内蒙古等西部省区。这些群体也是生态资本的潜在"受益者"，若将这些群体看成为生态资本的"购买者"，势必带来生态资本补偿难以执行。基于以上分析，本书认为石羊河生态资本的"购买者"由中央政府担任更为合理。

长期以来，中央政府一直在积极扮演着生态资本的"购买者"的角色。例如："退耕还林（草）""退牧还草"等项目，这些生态项目的资金均源于中央政府，通过对生态资本的"供给者"给予一定的补偿，激励农户积极参与土地转换项目，增加国家整体的生态资本供给量，达到生态资本保值和增值目标。

二　生态资本的"供给者"（补偿客体）

生态资本补偿的关键环节——确定谁是生态资本的"供给者"。生态资本的"供给者"是指能够提供生态资本的个人、集体和政府。在上文中分析到，生态资本"供给者"可以是那些能够让生态资本供给量增加的主体。石羊河流域上游农户改变土地利用方式，通过一定的生态水文过程影响生态资本的供给量。通常情况，补偿项目都是针对私人土地所有者，但是，由于家庭联产责任承包制度的存在，我们可以把潜在的生态资本"供给者"视为土地使用者或者土地承包者。还需要注意的是，地方政府也是国有土地的地方代理人，生态补偿项目中还有可能涉及公共土地作为土地利用转换范围。但是，无论谁是生态资本"供给者"，生态资本补偿项目设计之初都是在寻找低成本的"供给者"，只要生态资本补偿政策能够激励"供给者"自愿参与到土地利用转换项目中，都可以视为生态资本的"供给者"。

前面已经分析了生态资本"供给者"的几种类型。由于中国的行政管理体制，地方政府实质上是中央政府安排在各地区的代理人。本书确定的生态资本"供给者"，实质就是能够改变改变土地利用方式的土地使用者，即具有耕地和草地使用权的农户。但这并不代表，流域所有土地使用者的农户都需要生态补偿。生态资本补偿的目标是生态资本保值和增值，维护流域生态安全。或者说，生态资本补偿只对能增加生态资本的"供给者"给予补偿。从石羊河流域经济社会发展现状出发，能够直接增加生态资本的"供给者"主要是农户，他们通过"退耕还林（草）"和"草地禁牧"工程，改变土地利用类型和面积，并承担主要转换成本。而城市居民并没有土地使用权，也没用参与土地利用转换项目和承担转换成本，对生态资本保值和增值并没有起到的直接作用，所以不需要补偿这部分群体。

第三节　生态资本供给量确定以及价值评估

一　确定生态资本的供给量

一直以来，生态资本难以度量、难以核算是摆在生态文明建设中的基础性难题。科学地测算内陆河流域生态资本供给量，将生态资本外部性、非市场价值转化为人们认可的内在经济价值的是本书的第一步。那么，如何选取适宜的评估模型对其展开科学的评价成为本书的关键所在。现有实践中，由于人类尚未完全认识生态资本供给的过程，一般通过土地利用变化确定生态资本供给量。本书将水源涵养服务看成是干旱内陆河流域生态系统向外界提供的一种生态资本。常用且较为成熟的模型有分布式水文模型（Soil and water assessment tool，SWAT），它可以模拟土壤和水分产生过程，预测和模拟各自气候变化对生态资本供给的影响。但是，该模型存在一个局限，即需要大量数据支撑下计算机模拟运算，对数据精度和数据质量具有较高要求，但是高精度的气象、蒸发、土壤及土地利用数据一般很难获取，其应用范围受到了较大的局限。直到2005年，大自然保护协会（TNC）、斯坦福大学和世界自然基金会（WWF）联合开发出一种生态资本评估模型 InVEST（Integrated valuation of ecosystem service and tradeoffs）。InVEST 在解决生态资本研究中具有其他模型不具备的以下优势：第一，InVEST 具有较强的地图运算功能，能够较为精确地计算生态资本供给量。第二，InVEST 模型能够很好地链接自然生态系统和人文经济社会因素，揭示生态资本变动和人类福祉变化的规律。第三，InVEST 模型能够很好地进行未来情景预测，通过土地利用情景设定，预测未来生态资本变动。

　　针对干旱内陆河流域生态资本存在的特殊性，本书以 Arcgis10.5 软件和 InVEST 模型为平台，基于研究区大量实测空间数据为基础，运用 In-VEST 模型空间数据分析平台，对生态资本供给能力展开评估。具体原理：InVEST 模型在 Arcgis10.5 空间栅格上进行运行，根据气象调节、坡度和土地覆被类型来计算流域上每个栅格的生态资本供给量。生态资本是指每个栅格单元的实际降雨量减去实际蒸发量，在经过降雨量与蒸发量之间数据计算（生态资本供给与气候、土壤、地表覆被等因素紧密相关），经过计算得到干旱内陆河流域的生态资本供给量。

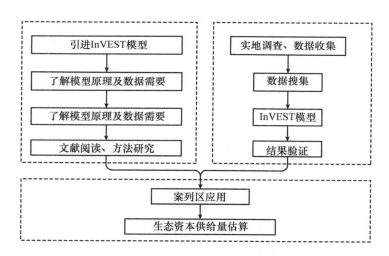

图 2－3　干旱内陆河流域生态资本供给量的确定过程

二　生态资本供给价值的评估

　　生态资本是一种具有价值和使用价值的"资本"。但是，若要能够实现生态资本可交易，通过构建合理的市场交易制度实现保值和增值目标，就需要明确建立生态资本供给量的价值。由于生态资本边际成本的数据以及替代市场的获取难度较大，导致边际机会成本法、补偿价值法、总经济价值法等方法难以适用生态资本的价值问题。

从生态资本供给量价值评估模型来看，影子价格法①是从资源的有限性出发，为了弥补现实市场价格机制存在的缺陷，实现充分、合理分配资源并提高使其使用效率为核心。影子价格方法是对系统内部资源的一种客观评价。因此，影子价格是一种虚拟价格。据此，本书采取影子工程法，即修建相应的水库成本来评估生态资本的供给价值。

$$E = \alpha v \qquad (2-3-1)$$

$$V = \sum_{x=1}^{n} Y_{jx} \qquad (2-3-2)$$

公式（2-3-1）中：E 为生态资本供给量价值，单位：元；α 为单位库容造价，单位：元/m³，参考 DB11/T1099-2014《林业生态工程效益评价技术规程》②，本书中单位库容造价取 6.1107 元/m³。公式（2-3-2）中：V 为生态资本供给量，单位：m³；Y_{jx} 为第 j 种土地利用/覆被类型栅格 x 的生态资本供给量，单位：m³。

第四节 生态资本补偿的情景模拟

一 生态安全条件下生态资本补偿目标的厘定

长期以来，由于人类不合理的生产行为，造成经济社会系统与生态环境系统的矛盾越发激化。如何约束人类行为的同时增强生态系统承载能力，实现国土生态安全跃升到更高的水平成为生态补偿研究的热点。在这样一个背景下，生态补偿有了新的目标，即通过"增益"性补偿政策提高生态资本供给量为首要目标。从 2000 年起，中国就已经展开了一系列生态建设工程。例如：2000 年"退耕还林（草）"工程的实施，2003 年"草地禁牧"工程的实施，都为了能够实现生态资本保值和增值目标。生态安全成为生态补偿的首要目标。在生态建设工程实施初期，

---

① "影子价格"理论是由荷兰经济学家詹恩·丁伯根和苏联经济学家、数学家康托罗维奇为解决资源最优利用问题而提出的。萨缪尔森发展了丁伯格的"影子价格"理论，使其成为一种预测价格来判断资源是否得到合理配置和利用。

② DB11 DB11/T1099-2014 林业生态工程生态效益评价技术规程 [S].

首先确定为了维护国土生态安全需要实施何种土地转换类型、面积以及空间分布。那么，多数生态补偿政策需要明确的地方政府执行的土地转换类型和面积均来自中央政府统一制定。例如："退耕还林（草）"工程要求耕地大于25度区域进行全面的退耕还林，草地坡度大于25以上的低覆盖度草地禁止放牧。而在"草地禁牧"工程中，按照自然规律，宜禁则禁，宜休则休，宜轮则轮，实行休牧与轮牧、放牧与舍饲等方式相结合。以生态脆弱区的草原和草原重度退化区为重点，以家庭联产承包经营权为依据，核定草地转换面积和类型。但是，在生态补偿政策具体执行中，一些地区忽视了土地适宜性规律。如："退耕还林（草）"项目中，坡度25度以下的耕地仍然面临较高的退化风险，土壤流失严重，土地沙化严重，造成纳入项目区的生态持续好转，项目区外的生态系统持续恶化。同样，笔者在对研究区肃南县皇城镇东顶村调查时发现，该村一直属于肃南县"退牧还草"工程中休牧和轮牧范围，而不属于禁牧范围。当地已经连续执行了"退牧还草"工程，但是当地的草地退化越发严重，某些区域的草地已经出现了毁灭性的退化，草地沙化严重。那么，若按照"一刀切"的标准确定生态补偿目标，则会造成生态补偿项目效率低。那么，从生态安全角度出发，生态补偿的补偿目标确定的前提是实现整个流域生态资本供给量增大，而并非是某些区域的最大化。因此，生态资本补偿目标应该是在流域尺度上进行差别化的调控，调整土地利用方式和空间格局，恢复地表覆盖的自然格局，构建合理的土地利用方式，提高生态资本供给量。

二 土地适宜性判别与补偿目标选择

大多数研究已证实，不同土地利用情景与生态资本供给量存在非常密切的联系。同时，土地利用结构和功能变化受人类活动影响驱动，进而影响到生态资本的供给量。生态资本源于地球生态系统服务。本书采用生态资本的概念暗喻对人类生存有贡献意义的水源涵养服务，既符合生态资本要求增值的本性，又符合客观自然规律。土地是生态资本供给的主要载体，不同的土地利用类型和面积对生态资本供给量产生显著的影响。那么，土地转换适宜性判别至少存在一个基本前提，即建立在生态安全基础上的生态资本供给量增加。由此，在生态资本需求的刺激下，将所有实现生态资本供给量增加的土地转换类型和面积设定为补偿目标，在一定的生态补偿政策下激励这部分土地使用者参与到补偿项目中，实现生态资本供给量的最大化。

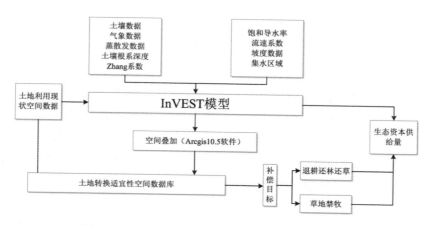

图 2-4 干旱内陆河流域生态资本补偿的情景模拟

石羊河流域上游的祁连山自然保护区是主要的生态资本供给区，该区域土地利类型为草地和林地、耕地、冰川等，大部分牧户依赖草地资源，来满足自身生计需要。因此，根据这部分区域的自然条件，植被类型、采取有针对性的土地转换项目，具体来说，我们设定如下几种土地利用转换，以保证生态资本供给量增加。就耕地而言，为防止水土流失，提高耕地的生态资本供给量，所有耕地实现还林还草；对于草地，本书设置中低覆盖度草地向高覆盖度草地转换，即中低覆盖度草地均实施草地禁牧政策。石羊河流域中下游地区，类似上游的草地较少，大多数属于稀疏的荒漠草地，并且坡度对草地利用影响很小。但主要的土地利用类型中，耕地的退化现象较为严重。所以，本书设定土地转换方式为退耕还林（草）类型，以此考察是否能够实现生态资本保值和增值目标。

第五节 不同情景下生态资本补偿的标准计算

一 生态资本补偿标准计算

一般情况下，生态资本供给与农户生计存在一定的空间差异，生态资本补偿需要借助不同的自然和经济模型。直到 2006 年，研究者基于最小数据方法，利用一些容易获取的经济社会调查数据，结合自然模型将提供生态资本的机会成本空间分布来模拟新增生态资本供给，将"受益者"支付水平与新增生态资本供给量结合起来。生态资本补偿标准确定需要以土地利用为替代分析做基础。本书在基于 InVEST 模型基础上，定量模拟不同土地利用类型与生态资本供给关系。为了进一步接近补偿实际，本书假设农户是经济学意义上的理性人，追求自身利益最大化进行土地生产。那么，为了提高生态资本供给量，势必要调整流域土地利用方式，必须给土地使用者提供一定的激励补偿措施，改变农户原有土地利用决策向有利于增加生态资本供给量转变。

　　为此将分析：假定地块 s 上只存在两种土地利用方式（a 和 b 方式），采用土地利用方式 a 单位土地面积产生的生态资本为 0，采用土地利用方式 b 单位土地面积产生生态资本为 $e(s)$（生态资本供给率）。假设农户作为理性经济人，以追求自身利益最大化目标进行土地利用，假设单位面积每年的收益 $v(p, s, z)$，其中参数 p 为农产品价格，s 为地块，$z = (a, b)$ 表示土地利用类型。如果：$\omega(p,s) = v(p,s,a) - v(p,s,b) \geqslant 0$，这里假设农户的土地利用方式为 a，反之为 b。

　　假设土地在 b 方式下每 1hm^2 的土地 s 上产生 $e(s)$ 单位的生态资本，而 a 方式产生 0 单位的生态资本。根据 Antle 等[①]，$e(s)$ 为农户原有土地利用方式希望获得的生态资本。为了保证农户生态资本供给量的预期私有均衡，这里对所有的 $\omega(p, s)$ 值排序定义密度函数 $\varphi(\omega)$，$\omega(p, s)$ 是 p 的函数，$\varphi(\omega)$ 也是 p 的函数。在没有实施生态补偿情景下，采用土地利用方式 b 的占比为：

$$r(p) = \int_{-\infty}^{0} \varphi(\omega) d\omega (0 \leqslant r(p) \leqslant 1) \qquad (2-5-1)$$

　　① Antle J., Capalbo S., Mooney S., et al., "Spatial Heterogeneity, Contract Design, and the Efficiency of Carbon Sequestration Policies for Agriculture", *Journal of Environmental Economics & Management*, Vol. 46, No. 2, 2003, pp. 231 – 250.

式（2-5-2）中流域总面积 Hhm^2 的区域单位时期内的生态资本预期私有均衡供应 $s(p)$，即预期生态资本供给的基准量；e 通过土地利用方式 b 提供的预期生态资本供给量。

$$s(p) = r(p) \times H \times e \qquad (2-5-2)$$

根据 Antle 等的研究成果，为了生态资本供给量提高到基准 $s(p)$ 以上，本书假设流域输入区向溢出区的土地使用者给予补偿 p_e（单位生态资本的供给补偿价格）以达到生态资本供给量增加目标。假设农户仅获得相对于基准量 $s(p)$ 的收益，选择土地利用方式 b 获得 $v(p, s, b)$ $+p_e e$ 的收益。因此，$\omega(p, s) - p_e e < 0$，农户将选择土地利用方式 b。在 $\omega(p, s) > 0$，且 $\omega(p, s) - p_e e < 0$ 条件下，土地利用方式 a 在没有补偿的情况下更有利于生态资本供给增加，土地利用方式 b 在有补偿的情况下收益更高，如果单位生态资本补偿额大于单位生态资本供给的机会成本 $[p_e > \omega(p, s)/e]$，供给者将土地利用决策转变到 b。可以根据土地机会成本推导出流域生态资本的供给能力（如图2-5所示）。通过农户土地机会成本的空间分布 $\varphi(\omega)$，可以界定单位生态资本的供给的机会成本空间分布 $\varphi(\omega/e)$。当 ω/e 由 0 到 p_e 变化的时候，得到农户土地利用方式由 (a) 到 (d) 转换比例，从而生态资本的供给量增加到大于 $s(p)$ 的数量，这一比例：

$$r(p,p_e) = \int_{-\infty}^{0} \varphi\left(\frac{\omega}{e}\right) d\left(\frac{\omega}{e}\right) [0 \leq r(p,p_e) \leq 1] \qquad (2-5-3)$$

当补偿价格 $p_e > 0$ 时，生态资本供应量 $s(p, p_e)$ 为：

$$s(p,p_e) = s(p,p_e) + r(p,p_e) \times H \times e \qquad (2-5-4)$$

二 生态资本补偿总额计算

本书基于 InVEST 生态资本产出模型和最小数据方法，分了三种情景

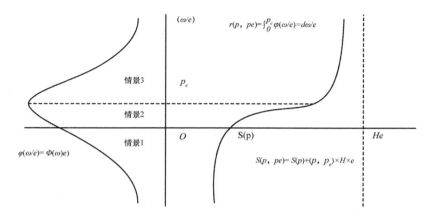

图 2 – 5　根据土地使用者的机会成本推导出生态资本供给曲线

讨论了"供给者"层面的土地转换所达到的生态资本供给量目标。然而，土地使用者的机会成本只是执行生态资本补偿政策需要投入的一部分，还需要包括政策执行的直接成本和交易成本。直接成本包括"退耕还林（草）"和"草地禁牧"等生态建设项目实施费用，需要针对"退耕还林（草）"和"草地禁牧"制定一系列的生态恢复和保育措施。石羊河流域上游主要任务是"退耕还林（草）"和"草地禁牧"、下游主要任务是"退耕还林（草）"。据调查，石羊河上游的肃南县和天祝县的退耕还林（草）区域需要补植树种和撒播草种，实施的成本主要包括植树造林成本和改造草场的成本。

$$C_1 = L_1 \times H_1 + G_1 \times H_2 \qquad (2 - 5 - 5)$$

C_1 为直接成本，为退耕还林（草）单位面积直接成本，H_1 为退耕还林（草）面积，G_1 为草地禁牧的单位面积直接成本，H_2 为草地禁牧面积。

交易成本是指地方政府在承担生态建设项目过程中投入的人力、物力、财力，例如生态建设项目前期工程的设计费、咨询费、项目管理费、技术费、工程施工和监理费用、检查验收费用。由于上述支出费用带有一定的不确定性，按照实地测量存在比较大的操作难度。本书采用类比法对交易成本进行估算。河西走廊"退耕还林（草）"和"退牧还草"

工程实施中交易成本发生的比例为补偿费用的5%①。因此，本书直接采用5%的比例来估算石羊河"退耕还林（草）"和"草地禁牧"工程的交易费用。

$$(C_1 + C_2 + C_3) \times r_2 + C_1 + C_3 = C_1 + C_2 + C_3 \quad (2-5-6)$$

式（2-5-6）中，C_1表示直接成本，C_2表示交易成本、C_3表示机会成本，表示交易成本占生态建设项目补偿资金总额的比例（5%）。

第六节　生态资本补偿中农户受偿意愿分析

长期以来，人们将生态资本供给的下降归咎于农户过于草率并且过度地开垦土地，将原本天然的草地、林地以及荒漠土地用作放牧、耕种，把生态资本供给量下降的责任全部归咎于农户。一方面，生活在这片土地上的农户，从一开始就面对贫困的生活，并没有多少适合自己的生计选择。另一方面，农户是生态资本补偿的"实践者"，也是生态资本补偿顺利实施的"检验者"。目前正在实施的土地利用转换工程中，农户由于个人利益受损而接受政府的生态补偿。从整体流域生态系统安全角度出发，在土地利用转换过程中，农户放弃一定的生产经营活动，是为了实现生态资本供给量增加。从第八章发现，随着补偿价格的不断提升，农户愿意转换的土地比例以及生态资本供给量呈不断递增趋势。那么，补偿价格是否也符合经济学中的边际效用递减规律？此时，就会存在一个最佳的补偿价格，即均衡补偿价格。如此，在土地利用转换项目具体实施中，农户的受偿意愿成为关键。若低于农户补偿意愿，难以完成生态资本供给增大的目标，若大于农户补偿意愿，势必带来生态建设项目的低效率。

为了进一步分析石羊河流域农户面对土地转换补偿项目的受偿意愿，本书借助贝叶斯后验分布模型对研究区农户受偿意愿进行估值。

---

① 徐中民：《甘肃省典型地区生态补偿机制研究》，中国财政经济出版社2011年版。

$$P(A \mid B) = \frac{P(AB)}{P(B)} = \frac{P(B \mid A)P(A)}{P(B)} \qquad (2-6-1)$$

式（2-6-1）中 P（A）为先验概率，B 为农户受偿意愿值数据，贝叶斯公式中将先验概率 P（A）更新为后验概率 $P(B \mid A)$ 的规则。一般地，对于随机向量 θ（视为参数）与随机向量 y（y_1、y_2、$y_3 \cdots y_n$），根据贝叶斯定理（Bayes' Theorem）可知，

$$f(\theta \mid y) = \frac{f(\theta, y)}{f(y)} = \frac{f(y \mid \theta)\pi(\theta)}{f(y)} \qquad (2-6-2)$$

其中，$f(y \mid \theta)$ 为看到数据 y 之后 θ 的条件分布密度（即后验分布），$\pi(\theta)$ 为参数 θ 的先验分布密度，$f(\theta, y)$ 为 θ 和 y 的联合分布，$f(y \mid \theta)$ 为给定参数 θ 时 y 的密度函数，而 $f(y)$ 是 y 边缘分布密度。则将联合分布 $f(y \mid \theta)$ 中随机参数 θ 积去掉，就可以得到 y 的边缘分布密度函数。

$$f(y) = \int f(\theta, y)d\theta = \int f(y \mid \theta)\pi(\theta)d\theta \qquad (2-6-3)$$

式（2-6-3）中，后验分布 $f(\theta, y)$ 记为 $p(\theta, y)$（p 表示 posterior），y 的密度函数 $f(y \mid \theta)$ 记为似然函数 $L(\theta; y)$。$L(\theta; y)\pi(\theta)$ 就是后验分布 $p(\theta \mid y)$ 的密度核。

第三章

研究区概况与调研过程

第一节　研究区概况

一　区域选择说明及功能定位

干旱内陆河流域属于中国特殊的自然地理单元，也是世界干旱区中别具一格的地理景观。[①] 它深居亚欧大陆腹地，山脉和盆地相间的地貌格局，远离海洋，高大山脉和丰富的降雨雪发育了相对独立的内陆河流域，内陆河又养育了山前绿洲，形成了以水资源为纽带的完整山地—绿洲—荒漠生态循环系统。祁连山、天山、昆仑山等高大山系成为内陆河流域水源的重要发源地，对于生态系统和经济社会发展具有重要意义。本书选取甘肃省河西走廊石羊河作为案例区，流域总面积 4.16 万 km²，由古浪路、杂木河、黄羊河等 8 条支流汇合而成，年平均径流量 15.75×10^8 m³。石羊河发源于南部祁连山区，消失在腾格里沙漠和巴丹吉林沙漠的相交处的民勤盆地。石羊河流域行政区域包括武威市的凉州区、民勤县及古浪县和天祝县部分，金昌市、永昌县，肃南县以及白银市部分乡镇，总共涉及 4 市 9 县。

根据 2015 年《全国生态功能区划（修编版）》，石羊河流域属于祁连山水源涵养功能区、腾格里沙漠防风固沙功能区，该区域应加强生态建设，严格禁止人类的破坏行为；并且，针对已经超出生态系统承载能力范围的地区，实施有计划的人口迁移工程，对受到损害的生态系统展开生态重建与恢复。根据《甘肃省主体功能区规划》的规定，石羊河上游

---

① 陈亚宁：《干旱荒漠区生态系统与可持续管理》，科学出版社 2009 年版。

地区属于祁连山水源涵养生态功能区，下游地区属于西北干旱土地荒漠化重点防治区域。总体来讲，石羊河的区域功能定位以生态修复、环境保护、生态服务供给为主，保持水源涵养服务功能，提高生态系统的服务供给能力、维护国土生态安全是流域发展的核心目标。

本书之所选择石羊河为案例区，主要理由有以下几个方面。

第一，行政单位和流域单元大部分重合，以保证生态资本补偿实施的统一性以及二手数据的收集便利性。第二，案例区具有完整的流域生态系统。石羊河具有干旱内陆河流域最典型的自然地理特征，即山地—绿洲—荒漠共存的完整地理景观格局，使本书的结论更具有代表性和说服力。第三，人地矛盾突出，受到社会各界的广泛关注。近30年以来，石羊河人口数量激增，大面积的天然草地、山地林缘草地以及荒漠土地被人类用于耕种和放牧，导致土地沙化加剧，水源涵养功能萎缩，流域生态安全受到极大的威胁。2007年，温家宝总理视察民勤县时强调决不能让石羊河下游成为中国第二个罗布泊。自此，石羊河流域突出的人地矛盾，脆弱的生态系统受到中央高层以及社会公众的广泛熟知。

二　自然地理概况及项目政策执行情况

（一）自然地理概况

甘肃省石羊河是仅次于塔里木河、黑河的全国第三大内陆河流域，属于甘肃省第二大内陆河流域，流域全部分布在甘肃省境内。石羊河发源于祁连山南部冰川，流经肃南县、天祝县、古浪县、永昌县、武威市、金昌市、民勤县等，消失在民勤县境内青土湖区域。石羊河流域地理空间分布在东经101.68°—101.27°，北纬36.48°—36.45°，西至乌鞘岭和祁连山北麓，东南与兰州市和白银市相接，西北紧邻张掖市，西南与青海省门源县相连，东北与内蒙古阿拉善盟相接。

1. 地形地貌

石羊河流域地形地貌复杂，可以分为南部祁连山区，中部平原区，北部丘陵区。南部祁连山区平均海拔在1900—5500m，祁连山脉呈西北向东南分布。中部走廊由东西向南北分布，将流域分成南北盆地，主要包括武威市、永昌县等，平均海拔1400—2000m。北部丘陵平均海拔

1300—1400m，最低点属于石羊河流域白亭海，海拔高度仅 1010m。北部地区为趋于平原的山地丘陵区，平均海拔 1000—2000m。

2. 气候特征

石羊河流域深居中国大陆西北腹地，属于典型的温带大陆性干旱气候，南北气候差异较大，南部祁连山区降雨丰富，太阳辐射较高，蒸发较弱，空气较为湿润。北部荒漠地区太阳辐射强、降水稀少、蒸发较强、空气干燥。根据气候条件和海拔高度可以将石羊河流域分为 2 个气候区。南部祁连山区属于典型的高寒半干旱湿润气候，年均降水量 200—800mm，年均蒸发量 750—1250mm。北部地区属于典型的温带大陆性气候，年降水量 50—300mm，年蒸发量 1000—2500mm。南部山区降雨较多，但蒸发量较少，北部地区干旱少雨，但蒸发量强烈。南部祁连山区是重要的水源涵养地区。

3. 河流水系

石羊河流域发源于南部祁连山区，由诸多支流最终汇合流入尾闾青土湖，主要支流自西向东依次为西大河、东大河、西营河、金塔河、杂木河、黄羊河、古浪河、大靖河等。石羊河主要补给来源为祁连山区冰川融水和降雨雪，冰川主要分布在南部祁连山区，河流出祁连山后，多数水资源被用来发电和灌溉，并在山前冲积扇带渗漏转化为地下水，至冲积扇边缘又以泉水流出，汇集成河。河流汇集处可以分为两条出口，一条出口是西大河、东大河转化为泉水汇集至金川河流入金川盆地。另外一条出口是西营河、金塔河、古浪河等支系在武威彭迪汇集成石羊河，为石羊河流域中游，再从北部进入红山崖口，进入民勤盆地，最终汇入青土湖。近年来，石羊河流域水利水电事业快速发展，现建成水库 10 座，其中上游水库 8 座，下游水库 2 座。

4. 植被分布

石羊河流域南北植被分布空间差异显著。南部祁连山区植被类型主要以森林、草地为主，其中森林主要以乔木和灌木为主，具体分布在南部海拔 3000—4500m，乔木林主要以云杉、圆柏为主，灌木林主要以山生柳、箭叶锦鸡儿等组成。南部山区草地与森林相互交错，多以带状分布，林草覆盖率达到 55% 左右。森林和草地是流域最重要的土地利用类型，森林和草地促使山地降水转变为地下水潜流，在水分平衡方面起到非常重要的调节作用。具体表现在林冠层对降水截留、枯枝落叶对降水拦蓄、土壤对降水调蓄、季节性冻土对河川径流调节等功能上。流域中下游多以荒漠—绿洲过渡带为主，植被类型多以梭梭林、泡泡刺、花棒、锦鸡儿等为主。中下游荒漠植被过渡带对维护流域生态系统安全具有非常重要的作用。石羊河流域植被分布多以流域水系为主，呈现出南多北少的特征。

（二）存在的主要生态问题

1. 上游天然林退化加剧，水源涵养功能受损严重

在《河西志》中记载，公元 2000 年前，祁连山有天然森林 600 万公顷，到新中国成立初期，祁连山区域天然森林面积大约为 15 万公顷。然而，20 世纪 70 年代，天然森林面积持续萎缩到 13 万公顷左右。[①] 此外，高山草场也呈现退化趋势，有近 15 万公顷的林草地被垦殖，山区植被覆盖率仅有 40%。1980 年以来，南部祁连山区划入了祁连山国家公园的核心保护区，森林质量有了不同程度的提高，但是外围人类破坏行为仍然存在。例如祁连、旦马乡，海拔 2700m 的地区仍然存在开荒种植。石羊河流域水源依赖于上游祁连山区冰川融雪。由于人类不合理的经营行为，造成林草面积萎缩，带来直接的后果是山区水源涵养能力显著降低。

2. 中游绿洲耗水加剧，人地矛盾突出

石羊河流域多年平均水资源量为 $16.6 \times 10^8 m^3$，人均水资源量为 $744 m^3$，仅占全国平均水平的三分之一；亩均水资源量为 $369 m^3$，仅占全国的四分之一，远低于 $1000 m^3$ 的国际紧缺标准。2015 年，石羊河流域耕地面积 462.02 万亩，有效灌溉面积 450.06 万亩，其中农田实灌面积 370.44 万亩，林草实灌面积 46.73 万亩；2015 年，流域总人口 221.17 万人，其中城镇人口 92.9 万人，农村人口 128.27 万人。由于水源分布的限制，造成人口在空间分布上极不均衡，绿洲承载人口已经达到 300 人/ km^3。此外，石羊河农业用水大量挤占生态用水，人地矛盾越来越突出。

3. 下游荒漠植被衰败，土地荒漠化加剧

1971—2000 年，石羊河从民勤县蔡旗断面进入的水量累计减少 30 ×

---

① 马金珠、高前兆：《西北干旱区内陆河流域水资源系统与生态环境问题》，《干旱区资源与环境》1997 年第 4 期，第 16—22 页。

$10^8 m^3$，年均减少 $0.83 \times 10^8 m^3$。① 2016 年，石羊河流域水资源统计公报显示，民勤红崖山水库以下的下游植被覆盖面积 13 万公顷，比 1950 年缩减了 2.89 万公顷。② 石羊河径流量持续减少，地下水下降速度加快，下游生态水文情形出现了巨大变化，人类对水资源过度利用，加速生态系统退化趋势；下游腾格里沙漠边缘的荒漠生态系统也呈现不同程度的衰败趋势，固沙能力显著下降，大约 2.67 万公顷农田面临沙化风险，风沙灾害频繁，严重威胁到全国生态安全。

三 经济社会发展概况

石羊河流域行政区域涉及 "4 市 9 县"，其中 4 市是金昌市、武威市、张掖市、白银市，9 县是武威市的古浪县、凉州区、民勤县、永昌县、金川区，肃南县、天祝县、景泰县的部分乡镇属于石羊河流域。到 2018 年底，石羊河流域国民生产总值（GDP）为 6695423 万元，其中第一产业 1289917 万元、第二产业 2748722 万元、第三产业 2656785 万元，人均 GDP 为 189634 元。三次产业结构比例为 19.27：52.41：28.32。

经济方面：截至 2016 年，石羊河流域国民生产总值最高的是凉州区，为 1419351 万元，最低的是古浪县，为 470167 万元；从人均国民生产总值来看，最高是金川区，为 60747 元，最低的是古浪县，为 12110 元。石羊河流域内各行政主体经济发展水平差异较大，金川区人均国民生产总值是古浪县的 5 倍。

人口方面：截至 2016 年，石羊河流域凉州区、民勤县、古浪县、天祝县、金川区、永昌县人口分别为 101.32 万人、24.13 万人、38.37 万人、17.66 万人、23.37 万人、23.61 万人。从农村人口来看，凉州区最高，为 73.65 万人，最低是金川区，仅为 4.87 万人。

农业生产：凉州区耕地面积 97786 公顷，有效灌溉面积 91957 公顷，农作物播种面积 111604 公顷，粮食产量 678011 吨，草地面积 65470 公

---

① 李宗礼：《干旱内陆河流域水资源管理中的几个重要问题研究：以石羊河为例》，中国科学院地理科学与资源研究所，2010 年。

② 宋冬梅、肖笃宁等：《甘肃民勤绿洲的景观格局变化及驱动力分析》，《应用生态学报》2003 年第 14 期，第 535—539 页。

顷，牲畜存栏数量 207.71 万头，羊存栏数为 94.76 万只。

民勤县位于石羊河流域下游，全县耕地面积 59228 公顷，有效灌溉面积 53396 公顷，农作物播种面积 57711 公顷，粮食产量 126376 吨，草地面积 321130 公顷，而民勤县位于巴丹吉林沙漠和腾格里沙漠的相交处，草地多为荒漠草场，生态环境脆弱。大牲畜存栏数量 110.91 万头，其中羊存栏数 100.6 万只。

古浪县地处石羊河流域上游，生态位置极为重要，是石羊河流域重要的水源涵养区。全县耕地面积 75284 公顷，有效灌溉面积 38085 公顷，农作物播种面积 60314 公顷，粮食产量 210731 吨，草地面积 48530 公顷，牲畜存栏数量 78.3 万头，其中羊存栏数量 53.06 万只。

天祝县位于石羊河流域上游，大部分处于祁连山水源涵养功能区。耕地面积 22070 公顷，有效灌溉面积 3797 公顷，农作物播种面积 23822 公顷，粮食产量 50885 吨，草地面积 225530 公顷，牲畜存栏数量 92.36 万头，其中羊存栏数量 75.29 万只。

金川区和永昌县位于石羊河流域下游，耕地面积分别为 14287 公顷和 56671 公顷，有效灌溉面积分别为 13191 公顷和 49084 公顷，农作物播种面积分别为 15756 公顷和 63662 公顷，粮食产量分别为 66826 吨和 326408 吨，草地面积分别为 3130 公顷和 84470 公顷，牲畜存栏数量分别为 14.87 万头和 82.73 万头，其中羊存栏数量分别为 12.46 万只和 74.17 万只。金川区和永昌县位于石羊河流域下游，降水稀少，生态脆弱，土地荒漠化较为严重。

表 3-1　　　　　　　2016 年石羊河流域经济社会综合概况

指标	单位	武威市				金昌市		合计
		凉州区	民勤县	古浪县	天祝县	金川区	永昌县	
GDP	万元	2869897	777518	470167	499689	1419351	658801	6695423
第一产业	万元	604599	251795	152168	74175	55120	152060	1289917
第二产业	万元	1088480	257080	131259	230552	866078	175273	2748722
第三产业	万元	1176818	268643	186740	194963	498153	331468	2656785
人均 GDP	元	28349	32229	12110	28343	60747	27856	189634
总人口	万人	101.32	24.13	38.87	17.66	23.37	23.61	229

续表

指标	单位	武威市				金昌市		合计
		凉州区	民勤县	古浪县	天祝县	金川区	永昌县	
总户数	户	330891	80190	120275	67182	84384	89958	772880
农村人口	万人	73.65	22.91	35.05	16.31	4.87	19.09	172
乡村从业人员	万人	42.02	11.36	21.03	9.31	2.90	11.17	98
耕地面积	公顷	97786	59228	75284	22070	14287	56671	325326
有效灌溉面积	公顷	91957	53396	38085	3797	13191	49084	249511
农作物播种面积	公顷	111604	57711	60314	23822	15756	63662	332871
粮食产量	吨	678011	126376	210731	50885	66826	326408	1459237
草地面积	公顷	65470	321130	48530	225530	3130	84470	748260
牲畜存栏数量	万头	207.71	110.91	78.30	92.36	14.78	82.73	587
羊存栏数	万只	94.76	100.60	53.06	75.29	12.46	74.17	410

第二节 石羊河流域生态补偿项目执行概况

一 现有生态补偿项目执行情况

从 2000 年开始，石羊河流域开始实施了以恢复生态系统为目标的生态建设工程。按照政策要求，在森林资源、林木营造、抚育、保护和管理的要求下，对公益林、沙化土地以及疏林地、灌木林进行封育和管护，并且专门对管护人员劳务费以及林农补偿费用，以及种苗成本进行一定补偿。例如：甘肃省石羊河流域上游天祝县 28 万公顷生态公益林得到生态补偿，补偿标准是每年 75 元/公顷。但是从生态公益林划分范围来看，天祝县仍然存在 0.8 万公顷没有得到生态补偿。现行生态补偿政策还存在补偿标准偏低问题，不能完全弥补生态公益林建设的资金缺口，导致地方政府、林农参与生态公益林建设的积极性不高。调查发现，上游天祝县为了积极履行"退耕还林（草）"任务，提高水源涵养功能，每年投入大量的人力、物力、财力，给地方政府带来较重的负担。更为重要的是，生态公益林补偿标准远远低于农户的机会成本。退耕还林（草）项目还存在一个重要问题，即农户的机会成本损失。"退耕还林（草）"的补偿资金主要用于管护人员劳务费以及退耕农户的耕地补偿。但是，这些具有产出生态资本的耕地常常也是一些农户进行生产活动的载体，如果要实施环境保护，必然会伴随着执行退耕或禁牧措施，利益受损的农户却没有得到应有的补偿。① 2000 年，石羊河流域按照国家政策要求实施了"退耕还林（草）"政策，对已经不适宜耕种，且生态地位作用明显的土地进行退耕还林或者还草。"草地禁牧"的补偿标准按照每公顷天然草场 15 只羊单位计算，对退耕还林的补偿标准为每亩土地获得 100 斤粮食或者 140 元，并补助 50 元的种苗费和 20 元的管护补助。对县市政府的补偿分别以财政转移支付形式展开。政策实施期限一般为 5—8 年。

二　生态补偿项目执行面临的问题

总结起来，石羊河流域现有生态补偿存在以下几个方面的问题。

第一，生态补偿标准过低，难以弥补生态服务供给者的真实投入

从 2000 年起，国家陆续在石羊河流域展开了生态公益林补偿项目、退耕还林（还草）生态补偿项目，对生态资本"供给者"（农户、地方政府）来说，生态资本补偿的核心是对生态资本的"供给者"进行补偿，激励"供给者"自觉转换土地利用方式，增加生态资本供给量。生态补偿标准过低会出现两种情况，第一种情况是生态资本"供给者"处于高尚的生态保护使命感，忽视自身利益，自觉约束经济行为，这种情况虽然有流域生态系统，但是会造成周边利益主体陷入贫困，难以维系基本生计。第二种情况是"供给者"在自我利益得不到保障情况下，为了维护家庭基本生存和正常生存经营，很可能成为生态系统的破坏者。因此，合理的补偿标准是保障石羊河流域生态可持续的关键。

第二，生态补偿政策制定过程中，缺乏市场基础和相关利益者参与

在现有的生态补偿项目中，中央政府扮演着非常重要的角色。生态资本补偿的背后是多方利益主体的相互博弈。但是，石羊河流域现有生态补偿项目中，缺乏相关利益者参与，尤其是地方政府与农户在生态补偿标准制定的参与和决策缺失。在缺乏多方利益主体充分参与的生态补偿项目中，就造成了生态补偿并不能很好结合农户、企业团体以及地方

---

① 任勇：《中国生态补偿理论与政策框架设计》，中国环境科学出版社 2008 年版。

政府的生态意愿和希望，造成生态补偿的低效率。[①]

第三节　调研过程及数据来源

一　调研过程

本书的重要基础来自对研究区域的全面调查以及数据收集。课题组有计划、分阶段对研究区展开调查，调查时间分别为 2014 年 7 月、2016 年 10 月、2017 年 5—6 月，2018 年 7 月 15—21 日、2019 年 5 月 13—21 日。采取直面观察，部门访谈、调查问卷等形式对研究区受访对象进行了调研。

本书选取的 7 个县市（区）均属于石羊河流域，其中天祝县、肃南县属于上游地区，古浪县、凉州区、永昌县属于中游地区，金昌市、民勤县属于下游地区。由于石羊河流域的生态系统的空间异质性，本书尽可能选择具有不同特点的样本村，体现所在区域农民生计方式以及区域发展的差异。本书所研究的生态资本补偿正是基于这样的现实背景而设立的。

为了尽可能全面地了解石羊河流域概况以及研究所需的基础数据资料和数据，研究人员分阶段、分步骤对研究区所涉及的县市展开问卷调查，调查对象为退耕还林（草）或者草地禁牧区域的农民、各县区水利局、林业局工作人员。调查人员采取直面观察、部门座谈、农户访谈（问卷调查）等形式展开调查。

本书的目的是分析生态资本补偿中相关利益主体的机会成本和受偿态度；利益相关主体主要包括中央政府、地方政府（相关职能部门的工作人员）、农户等。生态资本补偿是一项综合系统工程，就必然牵扯到生态资本的"供给者"——农户，所以本书的调查对象是分布在石羊河流域的农户、地方政府工作人员与相关生态补偿项目管理人员，其中农户主要包括各县（区）地处生态补偿项目范围所涉及的农户。首先本书的样本点选择是基于专家、一线管理人员以及遥感数据支撑下确定的。调

---

① 金淑婷、杨永春等：《内陆河流域生态补偿标准问题研究——以石羊河流域为例》，《自然资源学报》2014 年第 29 期，第 610—622 页。

查之初，课题组在充分咨询了相关专家的指导意见后，选择具有典型代表性的 7 县市为本书的数据调查样本框。其次，课题组与当地林业与草原局工作人员进行了充分的沟通，以便将样本点作为长期跟踪的固定抽样监测样本点。课题研究人员先后于 2014 年 6 月至 2019 年 5 月对石羊河流域所确定的调查展开了连续多次的追踪调查，在此与一线管理人员进行了深度座谈，并且在过程中参考自然地理考察方式，对石羊河流域生态基线展开调查。本书中所有的调查数据均来自对样本点上的农户的问卷调查数据，主要采取简单随机抽样方式对样本点展开调查。

表 3 - 2　　　　　　　　　研究区域样本点分布及调查时间

县（区）		农户		调查时间
		样本点	问卷数量	
上游	天祝县	旦马乡、祁连乡	54	2019. 5. 12—2019. 5. 21
	肃南县	皇城镇营盘村、皇城村、泱翔乡东顶村	48	2019. 5. 12 —2019. 5. 21
中游	古浪县	红柳湾村、元庄村、廖家村	98	2015. 4. 22—2015. 4. 30 2017. 5. 12—2017. 5. 25
	永昌县	郑家堡村、西沟村	124	2014. 6. 5—2014. 6. 13 2016. 8. 8—2016. 8. 28
	凉州区	红水村、西湖村	104	2015. 4. 22—2015. 4. 30 2017. 5. 12—2017. 5. 25
下游	金昌市	营盘村、龙寨村、下冈村	97	2015. 4. 22—2015. 4. 30 2017. 5. 12—2017. 5. 25
	民勤县	王某村、八一村	112	2014. 6. 5—2014. 6. 13 2016. 8. 8—2016. 8. 28

如表 3 - 2 所示，对农户发放调查问卷为 553 份，其中流域上游区域发放调查问卷 106 份，中游区域发放调查问卷 274 份，下游区域发放调查问卷 171 份。如表 3 - 3 所示，本书发放农户调查问卷 553 份，有效问卷 529 份，有效率为 95.66%。

表 3 – 3 本研究针对农户的问卷调查基本情况

流域	区域	问卷	2014	2015	2016	2017	2019	合计
上游	天祝县	总问卷					52	52
		有效问卷					48	48
	肃南县	总问卷					56	56
		有效问卷					54	54
中游	古浪县	总问卷	57	30		41		88
		有效问卷		30		41		88
	武威市	总问卷		30		45		94
		有效问卷	59	30		45		94
	永昌县	总问卷		60	42			92
		有效问卷	28	56	40			86
下游	金昌市	总问卷		59		30		89
		有效问卷		58		28		87
	民勤县	总问卷		50	32	41		82
		有效问卷	30	41	31	41		72
合计		总问卷	175	229	74	157	108	553
		有效问卷	174	215	71	155	102	529

二 数据处理及调查对象分析

(一) 自然遥感数据

本书自然遥感数据主要包括以下几个方面:研究区 2000 年和 2015 年土地利用/覆被类型数据、土壤数据,2000 年、2015 年气象数据(降雨、气温、太阳辐射、日照时数等)等,具体数据来源及预处理见表 3 – 4。

表 3 – 4 数据来源及预处理

数据类型	数据及预处理
土地利用/覆被类型数据	中国科学院资源环境科学数据中心 (http:www. resdc. cn)
土壤数据(类型、成分等)	甘肃省第二次土壤普查数据
气象数据 (降雨、气温、太阳辐射)	中国气象科学数据共享服务王 (HTTP:cdc. cma. gov. cn)
地形数据 (DEM,90m 分辨率)	通过美国 USGS (http:earthexplore. Usgs. gv/)

续表

数据类型	数据及预处理
流域及流域子边界	运用 InVest 模型，对预处理后的 DEM 数据进行子流域提取，确定水分线和集水线，进而确定流域及子流域边界
径流量数据	甘肃省水资源公报（2000—2015 年）

（一）调查对象分析

1. 性别分析

从性别来看，总体样本的受访者男性占 75.40%，女性占 24.60%。不同样本区域的性别比例见图 3－1。从接受调查对象的性别来看，男性比例远高于女性，从中可以判断出研究区男性在家庭地位以及生产决策中占主导地位。

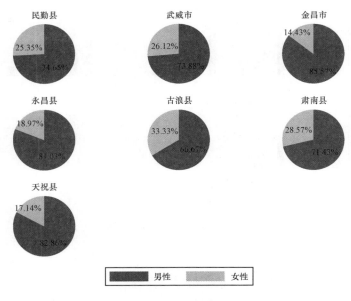

图 3－1 受访者的性别比例

2. 受教育程度分析

从受教育程度来看，如图 3－2 所示，接受调查的样本为受过教育的占比为 19.93%、小学的占 24.96%、初中的占 32.85%，高中的占 15.80%、高职的占 2.87%，大专及以上的占 3.59%。从不同区域来看，肃南县和永昌县未接受教育的样本占比最高，占比分别达到32.14%和33.82%。民勤县和古浪县大专以上的样本最多，占比分别达到5.79%和3.93%。总体来看，在7个样本调查县市来说，大多数样本的教育层次集中在小学和高中，高职和大专以上的样本占比相对较少，具体情况见图3-2。从受访者的教育程度分布来看，受访农户受教育水平较低，缺乏就业所需要的必要教育条件，这也在某种程度决定了大多数农户处于低收入水平困境。

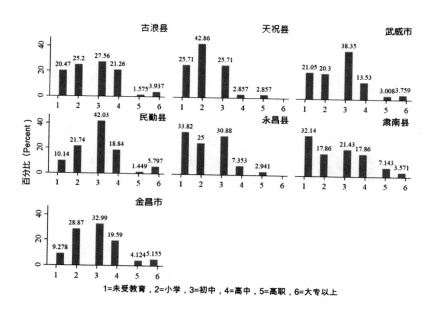

图3-2 受访者的学历分布情况

3. 年龄分析

如图3-3所示，总体样本中受访者年龄介于15—86岁，平均年龄在49.66岁。从不同区域来看，天祝县受访者年龄最高，平均年龄为53.02岁，永昌县受访者样本最低，平均年龄在48.57岁，7个县受访者年龄分布呈正态分布，多集中在40—60岁。从年龄分布来看，受访者处于人生的中老年阶段，并没有多少劳动能力，如果说他们在农田还能干点农活或者进入建筑队做点零碎小工，对于进入工厂或者办公室就业，他们却几乎不能胜任。从人口结构来看，调查区域与中国大多数农村一样，面临老龄化以及空心村的社会问题。

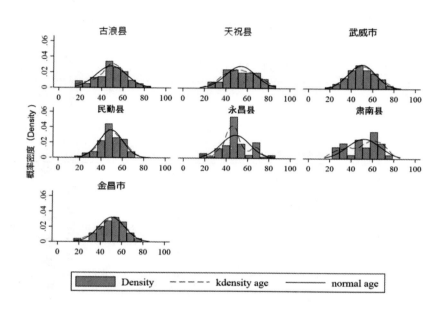

图3-3　受访者年龄分布的直方图

4. 生态资本认知分析

生态资本概念的提出，得到了学术界的广泛认可。然而，农户是土地利用的微观"决策者"，其土地生产行为直接决定了生态资本的供给变化。因此，讨论农户对生态资本认知问题对生态资本补偿问题具有重要意义。长期以来，家庭收入一直是影响农户生计和认知的最重要因素。如果农户对生态资本具有较高的认知程度，将生态系统视为最重要的生态资本。那么，在实施一定的激励补偿措施下，农户会自觉调整土地生产行为，向有利于生态资本供给的方式转变。此时，生态资本补偿政策执行建立在一定的微观群众基础上，势必会提高生态补偿的效果。本书将农户对生态资本认知分为五个程度，分别是"一无所知、不太清楚、一般、了解一些、比较了解"，运用李克特赋值法（Likert scale）分别给予1—5的赋值。假设家庭收入与农户对生态资本认知存在显著差异。首先，将 Family income 与 Family income[①] 与农户对生态资本认知程度进行 OLS 回归，以此判断家庭收入与农户对生态资本认知的关系。根据表 3 - 5 的结果，初步判断家庭收入与农户对生态资本认知存在线性正相关性，即随着家庭收入的提升，农户对生态资本认知程度也在提高。

表 3 - 5   家庭收入与农户对生态资本认知的关系

变量	回归系数	标准误差	T 检验	显著性
Family income	0. 2312	0. 0221	2. 12	0. 001
Family income^2	0. 2337	0. 0013	1. 24	0. 026
_cons	0. 4645	0. 0123	23. 22	0. 000

为了进一步刻画家庭收入与农户对生态资本认知的关系，本书运用风险函数模型绘出家庭收入与农户对生态资本认知之间的概率函数曲线[②]。如图 3 - 4 所示，农户对生态资本认知程度随着家庭收入的提升而不断提高，尤其家庭收入到了 12 万—15 万元之间。合理的解释是低收入农户对生态资本认知程度也较低，主要是因为这部分低收入农户因家庭生计的困窘，希望从自然界获取更多生计资源，改善家庭贫困面貌。而高收入农户的生态资本认知较高，主要原因是生计路径依赖以及对未来美好生态环境的向往。具体来讲，一方面家庭收入较高的农户多数是放牧或者种植大户，这部分农户认识到了生态环境对农业生产的重要性；另一方面，根据马斯洛层次需要理论，当家庭收入达到一定层次之后，

---

① 张永民、赵士洞：《全球荒漠化的现状、未来情景及防治对策》，《地球科学进展》2008 年第 23 期，第 306—311 页。

② 风险函数分析的本质是一个条件密度函数。本书定义的农户对生态资本认知函数是农户在某个家庭收入节点 t 的对生态资本认知概率，其函数估计量使用 Nelosn 与 Aalen 提出的 Nelson-Aalen 估计量：

$$H(t) = \begin{cases} 0, t < t_i \\ \sum_{t > t_i} \dfrac{d_i}{y_i}, t \geq t_i \end{cases} \quad 其中每一项 d_i/y_i 为局部的概率，而（b）式则为局部概率的加总。$$

可以用 $\widehat{\lambda} = \dfrac{d_i}{t_i}$ 作为概率的估计量。正文中，本研究县通过核密度方法将累积风险函数光滑化，然后再次生成家庭收入与农户对生态资本认知函数曲线。

高收入农户希望生态系统能够提供更多的生态资本，以改善恶劣的生存条件。

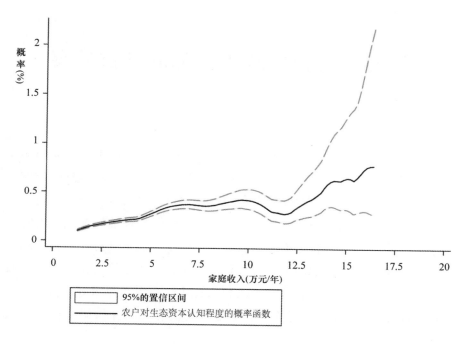

图3-4 石羊河流域受访户家庭收入与生态资本认知的关系

第 四 章

现有生态补偿政策面临的利益冲突

从全国层面来看，针对土地利用转换的生态补偿政策已经实施多年了，对增加生态资本供给量起到了重要作用。在对生态资本补偿研究之前，需要对现有生态补偿政策存在的问题进行认真梳理和评价，进一步论证生态资本补偿的必要性。首先，有必要对干旱内陆河流域生态补偿涉及的相关利益者进行全面分析。其次，运用动态博弈分析方法，结合所获取调查数据以及职能部门管理资料，根据中央政府与地方政府、政府和农户之间的关系，分析在土地利用转换过程中博弈双方的行为，证明生态补偿政策面临的利益冲突，为后文生态资本补偿研究提供现实基础。

第一节　生态补偿主体界定和利益冲突分析

一　相关利益主体界定

由于干旱内陆河流域特殊自然地理特征，决定了实现流域生态资本保值和增值目标，必须选择适宜的生态资本补偿主客体。

（一）生态资本补偿主体——中央政府

生态资本补偿的关键是确定生态资本的"受益者"。生态资本具有公共物品的多数特征，决定了应该将生态资本视为公共物品或者准公共物品。以往研究对受益者的划分主要存在两种：第一种是生态资本的真正"受益者"。另一种是生态资本使用者的代表。但是由于生态资本外溢属性，生态资本的真正"受益者"不仅仅局限于石羊河流域内，有可能外溢到中国北方地区。那么，按照第一种生态资本的真正"受益者"作为本书的生态资本补偿客体，导致生态资本补偿项目难以实施。生态资本使用者的代表人——中央政府，在生态资本的提供和配置中具有绝对的责任和权利。阿道夫·瓦格纳提出政府是公共经济的主体，并且代表着国家多数群体的最基本利益，政府可以通过经济、行政等手段解决生态资本配置中的"公地悲剧"问题。长期以来，在中国实施的生态补偿中，政府一直充当着生态资本受益者的代表人角色。2000 年起，石羊河流域实施的退耕还林（草）工程和草地禁牧工程，均是由中央政府主导实施的。那么，为了保证生态资本供给，中央政府理应成为流域生态资本的补偿主体。

从现行的生态补偿政策来看，虽然取得了一定的生态效果，但并没有真正实现流域生态资本保值和增值，因为生态资本赖以维系的生态系统退化趋势并没有得到根本性好转，农户对生态系统的生计依赖性并没有降低。长期以来，中央政府在土地利用转换中承担了更多的责任和义务，然而毕竟中央政府财政能力有限，并不能承担起所有的补偿责任。大多数流域生态补偿执行中，通常将人地补偿视作人际补偿，但是此种生态补偿关系并不能代替生态资本的"受益者"和"供给者"之间的利益协调机制，也就是说，石羊河流域生态资本"供给者"并没有得到"受益者"提供的生态补偿，也并没有真正按照生态资本"谁使用，谁付费"的补偿原则向生态资本的"受益者"征收税费，以此用来补偿生态资本"供给者"的投入支出和机会成本，也就不能有效避免生态资本的收益者把本应该自己需要支付的成本转嫁给其他人，这就是经济学所说的"搭便车"行为。

（二）生态资本补偿客体——供给者（地方政府和农户）

生态资本补偿的第二个关键是确定生态资本的"供给者"。潜在的生态资本"供给者"是可以实现生态资本保值和增值的主体。例如：石羊河流域土地的使用者改变土地利用方式，土地在降雨、蒸发、渗透等自然过程下影响生态资本供给。通常来看，潜在的生态资本"供给者"是由土地使用者所决定的。对于农户来说，他们是直接作用于流域土地生产的行为主体，其生计行为是否合理将对生态资本供给产生重要影响。如果上游地区的农户从事一些超载放牧，乱挖草药等破坏草地生态系统的生计方式，那么势必造成流域水涵养服务功能减弱，威胁到生态资本供给。中下游地区的农户采取无节制利用水资源的生计方式，虽然短期能够获取经济利益，但是长期来看，荒漠生态系统出现退化，直接造成流域生态资本供给不可持续。另外，农户过度使用生态资本超出安全阈值范围之外，则反过来会影响生态资本供给可持续。石羊河流域大部分区域属于生态脆弱和经济欠发达地区，人民收入水平相对较低，如果向收入水平较低的农户征收生态税费，势必造成农户继续加大对生态系统的索取力度，从而形成上游过度超载放牧，中下游大规模开荒造田，整个流域就会陷入"环境贫困陷阱"的恶性循环。因此，只有中央政府从维持内陆河流域生态安全角度出发，对农户展开生态补偿措施，鼓励流域农户自觉参与到土地利用转换项目中，使农户生产和生活得到持续改善，实现生态资本非减性和增值的目标。

目前，石羊河流域生态补偿实践中，大多属于一种自中央政府向地方政府委托的代理方式，由中央政府主导，地方政府负责项目具体执行。在"退耕还林（草）""草地禁牧"工程实施之初，中央政府首先确定每个县实施何种的土地转换类型以此达到维持生态安全目标，其次需要明确土地利用转换项目涉及县市范围，然后按照行政隶属关系委托下一级政府具体实施（省、地市政府），试点县市按照行政职能划分委托下一级别政府（区县）的相关职能部门（畜牧局、林业局和相关行政职能部门），农户成为最终补偿和受监督管理对象。那么，石羊河流域生态资本补偿中如何界定补偿客体？根据本书对生态资本补偿内涵的界定，补偿客体应该是流域生态系统和生态资本"供给者"。从人际关系角度出发，地方政府与农户可以视为生态资本的"供给者"。如要维持生态资本供给可持续，地方政府与农户需要牺牲自己的发展机会或者短时间承受经济发展下降的代价，改变土地利用方式向生态用地转变。石羊河流域生态资本具有外溢性的特征，农户通过土地利用方式转换实现生态资本外溢价值增加，这种价值"外溢性"让更多农户从中受益。那么，从人地关系来划分生态资本补偿客体主要包括地方政府和农户。

二　生态资本补偿的涵盖内容

生态资本补偿标准是生态资本补偿问题的核心，所要解决的是"付多少"的问题。合理的补偿标准能够调动地方政府和农户的积极性，实现流域生态资本非减性目标。补偿标准过高或者过低，都无益于流域生态资本补偿政策可持续实施。从人地关系角度来看，石羊河流域展开的人地补偿主要是运用生态修复原理，有计划地实施退耕或者禁牧工程，让土地的生产属性向生态属性转变，确保人类生产活动在生态系统安全阈值范围内，实现自然生态系统的自我修复目标。然而，在土地属性转变的过程中，不可避免地牵涉到中央政府、地方政府和农户的利益，生态补偿能否顺利实施的关键在于能否很好地协调三者之间的利益冲突，实现生态资本供给量增加的目标。

中央政府的主要目标是原有人类对土地大规模开发的土地采取退耕或者禁牧措施，以保证受损的流域生态系统自我修复，得到源源不断的生态资本。这样，在中央政府统一规划和执行过程中，必然会涉及具体执行的地方政府和农户。

对于地方政府来说，首要目标是要坚决执行中央政府下达的行政命令，还要努力使地方经济快速发展。在这一过程中，地方政府既要完成流域生态资本补偿的目标，即达到土地利用转换的面积和质量，同时保证人民生活水平提升和地方经济社会发展。如此一来，这就要求地方政府在面对中央政府下达的强制指令面前需要牺牲一定的发展机会。那么，在土地利用转换过程中，如没有中央政府从资金支持、政绩考核等方面对地方政府给予倾斜，地方政府会消极面对土地利用转换任务。

对于农户来说，土地利用转换意味着部分农户放弃原有以耕地或者草地为主的生计方式向其他生计类型转变，例如：上游山区农户将原有放牧草原转变为禁牧草原，中下游农户将部分土地纳入封禁范围，从而减少对水源的依赖，减少对生态资本的消耗量。然而，基于农户"理性经济人"的假设，转变这种生计方式必然使农户经济利益受到损害。所以，政府要想实现流域供给量增加，就必须通过对农户转变生计方式所产生的机会成本损失给予一定的补偿。从人际关系角度来看，生态资本的"受益者"向"供给者"给予一定补偿，这样会激励农户转变土地利用方式，选择一种更有利于生态系统的生计方式，以此来增加生态资本供给量。本书认为，在石羊河流域进行生态资本补偿应该更多从人地关系和人际关系的角度选择生态资本补偿主体，通过行政管理与市场化相结合的手段解决补偿政策执行中的利益冲突。

第二节 中央政府与地方政府的行为博弈分析

一 委托双方的成本支出与期望收益分析

从行政主管范围来看，若将地方政府当作一个独立的理性经济主体，其执行态度取决于成本支出与期望收益。本书以石羊河流域目前正在执行的"退耕还林（草）"与"草地禁牧"项目为例。按照支出成本划分，可以将生态资本"供给者"（地方政府和农户）的成本支出分为直接成本、运行成本、机会成本。直接成本是地方政府在土地利用转换项目中需要承担的资金，例如：在"退耕还林（草）""草地禁牧"项目中需要地方政府以及农户自筹部分资金。运行成本是指地方政府在土地利用转换项目执行中投入的人力、物力、财力等。机会成本主要存在限制农户生计行为，导致地方政府发展速度减缓，农户生活水平下降。例如：上游草地禁牧会导致牧户牲畜存栏数量下降，中下游沙化土地封禁工程将部分国有土地纳入封禁范围，不许地方政府和农户大规模开发。从收益来看，地方政府短期能够获得中央政府一些基础建设项目支持，或者给予一定的经济补贴。长期来看，地方政府能够在改善生态环境所获得长期发展的潜在收益，并且这一收益带有一定的不确定性。

总体来看，地方政府在"退耕还林（草）"和"草地禁牧"项目中并没有得到什么实际收益，并且这些土地利用转换项目还会让地方政府将本可用于经济发展的资金纳入项目实施中。而中央政府对补偿资金设置严格的支付规则，职能用于各项基础设施建设或者基本人员工资开支，而不足以弥补项目高昂的交易成本。并且，在土地利用转换项目执行中，地方政府客观还存在一定的机会成本，并且这种机会成本并没有得到中央政府专门的生态补偿。更为重要的是，石羊河流域的生态资本具有很强的正向外溢效应，其生态资本的价值服务范围不仅局限在本地，而且源源不断地向其他地方溢出，但是地方政府并没有获得来自其他地区的补偿资金。

二 土地利用转换中双重委托代理模型构建

现有土地利用转换中，地方政府有两项核心任务，第一项任务是完成中央政府作为委托人对地方政府规定的土地利用转换项目，即"退耕还林（草）"和"草地禁牧"任务；第二项任务是保证项目质量，在这里主要是优化地方经济发展方式和改善农户生活水平，实现区域可持续发展。因此，假设作为委托人提高对代理人的生态补偿激励，增加对土地利用转换项目的建设投入。此时，中央政府作为土地利用转换项目的委托人，与地方政府代理人具有博弈论委托—代理关系，委托双方需要制定一个生态补偿支付契约，这个契约根据地方政府所达到的退耕还林（草）和草地禁牧范围和程度对地方政府考核，并且给地方政府转移支付设定拨付比例和条件。那么，在现行生态资本补偿中，中央政府是土地利用转换项目的"委托人"，地方政府作为土地利用转换项目的"执行者"，也称之为"代理人"，地方政府根据生态资本补偿契约中采取风险规避态度，选择有利于自身利益最大化的行为。项目执行中，中央政府根据地方政府完成任务量进行考核和惩罚。然而，由于中央政府与地方政府的信息传递的限制，中央政府并不能准确地掌握地方政府完成的土地利用转换的数量和质量，也不能直接观察到地方政府的工作积极程度。同时，由于地方政府的工作积极程度、生态资本存量状况以及自然因素的存在，决定了生态资本供给量增加时委托方和代理方在客观条件下做出的最有利于自身利益最大化的行为。但是，由于地理信息技术的快速发展，中央政府可以根据更大尺度的遥感监测手段观察地方政府所辖区域的生态环境质量，来了解生态资本供给变化，并依据事先签订的契约对地方政府进行考核和奖惩。

（一）生态资本补偿中的函数关系表达

1. 生态资本供给的线性函数表达式

生态资本供给量 y_t 是由 t 时期地方政府工作积极程度 e_t 所决定，原有生态资本供给量 b_t 由不确定因素降雨、蒸发等气候变化因子共同决定。

$$y_t = \alpha \times e_t + \beta \times b_t + \mu \qquad (4-2-1)$$

其中，α 和 β 分别表示地方政府在土地利用转换项目中的工作积极程度和生态资本供给的影响系数，μ 表示生态资本供给过程中存在的不确定性因素，例如：降雨量、蒸发量、土壤发育程度等因素；假设不确定因素具有统计学的正态分布特征，且 $E(\mu)=0$，$Var(\mu)=\sigma^2$。假设土地利用转换的签订期是 b_0，表示不受任何人为和自然因素影响的正常量。然而生态资本供给量与地方政府的工作积极程度直接相关，即 $b_t = b_t(a_{t-1})$。

2. 土地利用转换契约的线性函数表达式

中央政府作为委托人，核心目标是获得最大的生态资本供给量，势必要对地方政府在土地利用转换项目上给予一定激励，本书假设中央政府给地方政府的补偿转移支付为 w，w 分为固定转移支付（s）和激励性转移支付（φ），固定支付与生态资本供给量无关。另一部分为激励性转移支付，也叫生态资本供给支付，这部分大小取决于地方政府实施土地利用转换项目所增加的生态资本供给量 y，y 越大，地方政府获得的激励性转移支付越高，本书界定为激励性转移支付比例 φ。本书假设地方政府获得固定转移支付 s 和激励转移支付比例系数 φ 不会发生较大变动。

$$w_t = s + \varphi y_t \qquad\qquad (4-2-2)$$

式（4-2-2）的典型特征是生态资本供给量变化导致中央政府对地方政府的转移支付呈 φ 倍的变化（$\Delta w_t = \varphi \cdot \Delta y_t$）。委托双方签订的生态资本补偿契约关键在于落实地方政府得到的固定转移支付 s 和激励转移支付系数 φ。从理论角度来看，s 和 φ 值的确定需要中央政府和地方政府协商讨论确定。目前执行退耕还林（草）和草地禁牧项目中，地方政府获得的转移支付额度和比例均由中央政府核定。

3. 中央政府的收益函数表达式

从产权角度来看，中央政府对生态资本具有法律意义上的所有权。为了能够实现生态资本保值和增值，中央政府通过实施生态补偿向地方政府给予一定比例的转移支付。因此，从中央政府角度来看，在 t 时期获得的净收益 w_t 为该区域生态资本供给量 y_t 减去拨付给地方政府的转移支付 w_t，即中央政府收益函数表达为：

$$w_t = y_t - (s + \varphi y_t) \qquad\qquad (4-2-3)$$

4. 地方政府的收益函数表达式

地方政府作为生态资本补偿的"执行者"，为了能够获得足额的转移支付 w，必须努力工作以完成中央政府下达的工作量，而这种积极工作需付出一定的成本 c，地方政府的付出成本至少包括实施成本和交易成本。假设 $c = c(a)$，地方政府的付出成本 c 是工作积极 a 的增函数，存在一个基本前提 $c'(a) > 0$，$c''(a) > 0$，这表示随着地方政府对待土地利用转换项目的积极性越高，其付出成本也随之提高。若地方政府对待土地利用转换项目没有采取任何行动，即地方政府的 $a = 0$，付出成本为 $c(0)$，地方政府的成本的收益 q_t 等于中央转移支付减去地方政府的付出成本。

$$q_t = w_t - c_t = [s + \varphi(\alpha e_t + \beta b_t) + \mu] - c(a_t) \quad (4-2-4)$$

中央政府实施的退耕还林（草）和草地禁牧工程中，中央政府与代理人的地方政府达成委托契约后，地方政府的付出成本 $c(a_t)$ 具有一定程度的不确定性，地方政府的付出成本随着工作积极性的变化而变化，地方政府可以根据双向委托契约选择最有利于自身利益最大化的参与水平 a。那么 $w_t = s + \varphi y_t$ 中，其中 w_t 会随着地方政府的工作积极程度 α 的变化而变化，而中央政府的转移支付比例 φ 的变化会导致相同生态资本供给量下地方政府的收益差额存在。那么，将导致地方政府的工作积极 a 发生变化。在其他条件下，激励比例 φ 增加，会激励地方政府在土地利用转换项目实施中采取积极的工作态度，实现了 a 增加。那么，地方政府的工作积极程度 a 是支付比例 φ 的增函数，即存在：$a = a(\varphi)$，$a'(\varphi) > 0$。

（二）中央政府和地方政府的期望效用函数

在双向委托代理模型中需要明确的是双方各自的风险态度。即委托人和代理人的风险态度差异，造成了委托双方的期望效用函数不一致，不同期望效用函数约束下会引导委托双方调整自身行为。本书假定中央政府作为委托方是风险中性者，地方政府作为代理方是风险规避者。

1. 风险中性的中央政府期望效用函数

在中央政府的风险中性前提假设下，其收益效用的期望值与期望收益的效用值相等，存在 $E(u(\pi_t))$。在土地利用转换项目实施阶段，中央政府在每个时期的总收益期望收益效用可以用最大化 $Max_{s,\varphi}E\big[(U(\sum \pi_t)\big]$ 等价中央政府收益期望值加总的最大化 $Max_{s,\varphi}U\big[(U(\sum \pi_t))\big]$。此时，存在中央政府的收益函数为：

$$Max_{s,\varphi}E\big[(1-\varphi)(\alpha\,a_t + \beta\,b_t) - s\big] \qquad (4-2-5)$$

2. 风险规避的地方政府期望效用函数

基于代理人风险规避假设，地方政府在生态资本补偿政策执行中的总目标并非是生态最大化，而是追求生态资本供给增加带来的自身效用最大化。那么，地方政府根据自身情况选择最佳付出程度 a_t。然而，石羊河流域生态资本供给量还会受到客观存在的气温、降雨等不确定性因素 μ 影响，并且 μ 具有正态分布的特征，即 $\mu \sim N(0,\sigma^2)$，能够推导出地方政府的期望效用函数：

$$E(q_t) = s + \varphi(a\,e_t + \beta\,b_t) - c(a_t) \qquad (4-2-6)$$
$$Var(q_t) = \varphi^2\sigma^2$$

假设地方政府的效用函数为 $\mu(q_t) = -e^{-\rho qt}$，其中 ρ 表示地方政府的风险规避程度。$E_u = -E(-e^{-\rho qt}) = -e^{-\rho[Eqt-1/2\rho Var(q)]}$。在土地利用转换项目执行中，地方政府的总目标是期望效用最大化。可以推导出地方政府的确定性等价收入（*Certainly Equivalent*，*CE*）的函数，即 $Eu = u(CE)$：

$$CE = E(q_t) - \rho Var(q_t)/2 \qquad (4-2-7)$$

那么，根据随机变量 μ 的期望和方差，可得到 t 时期地方政府确定性等价值。

$$CE_t = (s, \varphi) = s + \varphi\alpha a_t \times \varphi\beta b_t (a_{t-1}(\varphi)) - c(a_t(\varphi)) - \rho\varphi^2\sigma^2/2$$

$$(4-2-8)$$

目前，石羊河流域正在实施的生态补偿项目具有一定的强制性特点，但若能够最大程度激励地方政府参与积极性，需要建立在满足地方政府的基本利益诉求上。

因此，本书假设在土地转换项目中地方政府的参与约束能够得到自动满足。

3. 生态补偿政策的基本结构及模型

生态资本补偿的关键是中央政府如何完善对地方政府的激励补偿政策。中央政府是生态资本补偿的"制定者"，从国家生态安全角度出发决定生态资本补偿政策的形式和条件，即地方政府获得的转移支付额度和比例。在现实操作中，生态资本补偿政策必须考虑到中央政府所希望的目标，也要照顾到地方政府的激励相容条件和参与约束条件。在生态补偿政策实施中，委托双方的补偿契约可以表述为中央政府在地方政府激励相容约束和参与约束的限制下实现生态资本供给量最大化，中央政府与地方政府的双向委托代理模型为：

中央政府的收益期望：

$$Max_{s,\varphi} \sum_{t=0}^{n} r^t \big[(1-\varphi)\alpha a_t(\varphi) + (1-\varphi)\beta b_t(a_{t-1}(\varphi)) - s \big]$$

$$(4-2-9)$$

地方政府确定性等价收入：

$$s.t. Max_{a_0,a_1\cdots,a_n} \sum_{t=0}^{n} r^t \big[s + \varphi\alpha a_t(\varphi) + \varphi\beta b_t(a_{t-1}(\varphi)) - c(a(\varphi)) - \rho\varphi^2\sigma^2/2 \big]$$

$$(4-2-10)$$

地方政府在土地利用转换契约中获得的收益现值：

$$\sum_{t=0}^{n} r^t \left[s + \varphi \alpha\, a_t(\varphi) + \varphi \beta\, b_t(a_{t-1}(\varphi)) - c(a_t(\varphi)) - \frac{\rho\, \varphi^2\, \sigma^2}{2} \right] \geq \sum_{t=0}^{n} r^t\, CE_t$$

$$(4-2-11)$$

其中，r^t 表示 t 时期的贴现系数，$0 < r < 1$，n 为土地转换补偿项目的实施期限。

三　模型求解及分析

1. 模型求解

将公式（4-2-11）定义为：

$H = \sum\limits_{t=0}^{n} r^t \left[s + \varphi \alpha\, a_t(\varphi) + \varphi \beta\, b_t(a_{t-1}(\varphi) - c(a_t(\varphi)) - \rho\, \varphi^2 \sigma^2/2) \right]$，对 H 求 a_0、$a_1 \cdots\cdots a_n$ 的 a 偏导数：

当 $t \neq n$ 时

$$\frac{\partial H}{\partial a_t} = r^t \left[\varphi \alpha + r\varphi\beta(\partial\, b_{t+1}/\partial\, a_t) - \partial\, c(a_t)/\partial\, a_t \right]$$

$$(4-2-12)$$

当 $t = n$ 时

$$\frac{\partial H}{\partial a_n} = r^n \left[\varphi - \partial\, c(a_n)/\partial\, a_n \right] \qquad (4-2-13)$$

本书假设地方政府在土地转换项目积极程度的成本函数 $c(a_t) = a_t^2/2$。石羊河流域生态资本供给量的状况函数 $b_{t+1} = ka_t$。将其代入式（4-2-14）中，则式（4-2-14）的最优条件 $\dfrac{\partial H}{\partial a_t} = 0$。因此：

当 $t \neq n$ 时，$\qquad a_t = \varphi\alpha + r\varphi\beta k = (\alpha + r\beta k)\varphi \qquad (4-2-14)$

当 $t = n$ 时，$\qquad\qquad a_n = \varphi\alpha \qquad\qquad\qquad (4-2-15)$

然而，通过对公式（4 - 2 - 14）和（4 - 2 - 15）构建拉格朗日函数可以得到：

$$L = \sum_{t=0}^{n} r^t + \sum_{t=0}^{n} r^t [(1 - \varphi)\alpha\, a_t(\varphi) + (1 - \varphi)\beta\, b_t(a_{t-1}(\varphi)) - s] +$$

$$\lambda \sum_{t=0}^{n} r^t \left[s + \varphi\alpha\, a_t(\varphi) + \varphi\beta\, b_t(a_{t-1}(\varphi)) - c(a_t(\varphi)) - \frac{\rho\,\varphi^2\,\sigma^2}{2} - CE_t \right]$$

$$(4 - 2 - 16)$$

此时，地方政府获得中央政府的财政转移支付 s 求导，即 $\frac{\partial L}{\partial S} = - r^t + \lambda\, r^t = 0$，可以得到 $\lambda = 1$。此时将 $c(a_t) = a^2/2$、$b_{t+1} = k\, a_t$、$a_t = (a + \gamma\beta k)\varphi$ 和 $a_n = \varphi\alpha$ 代入本书构建的公式（4 - 2 - 16）中，通过对公式（4 - 2 - 16）进行整理得到：

$$L = \beta\, b_0 + \sum_{t=0}^{n} r^t \left[\frac{(\alpha + r\beta k)^2 - (\alpha + r\beta k)^2 \varphi^2}{2} - \frac{\rho\,\varphi^2\,\sigma^2}{2} - CE_t \right] +$$

$$r^n \left[\alpha^2 \varphi - \frac{\alpha^2 \varphi^2}{2} - \frac{\rho\,\varphi^2\,\sigma^2}{2} - CE_n \right] \qquad (4 - 2 - 17)$$

对公式（4 - 2 - 17）求 φ 的偏导数，当

$$\frac{\partial L}{\partial \varphi} = \sum_{t=0}^{n-1} r^t [(\alpha + r\beta k)^2 - (\alpha + r\beta k)^2 \varphi - \beta\varphi\sigma^2] +$$

$$r^n [\alpha^2 - \alpha^2 \varphi - \beta\varphi\sigma^2] = 0。即可以得到：$$

$$\varphi = \left[r^n \alpha^2 + \sum_{t=0}^{n-1} r^t (\alpha + r\beta k)^2 \right] / \left[r^n \alpha^2 + \sum_{t=0}^{n-1} r^t (\alpha + r\beta k)^2 + \rho\,\sigma^2 \sum_{t=0}^{n} r^t \right]$$

$$(4 - 2 - 18)$$

此时，将 $c(a_t) = \alpha^2/2$、$b_{t+1} = k\, a_t$、$a_t = (\alpha + \gamma\beta k)\varphi$ 和 $a_n = \varphi\alpha$ 代入公式（4 - 2 - 18），可以得到石羊河流域在各个时期的生态资本供给

量为：

$$Y_t = \alpha\, a_t + \beta\, b_t + \mu$$

当 $t = 0$ 时：

$$Y_0 = \alpha\, a_0 + \beta\, b_0 + \mu = \alpha(\alpha + r\beta k)\varphi + \beta\, \alpha_0 + \mu \quad (4-2-19)$$

当 $t \neq 0$，$t \neq n$ 时：

$$
\begin{aligned}
Y_t &= \alpha\, a_t + \beta\, b_t + \mu = \alpha(\alpha + r\beta k)\varphi + \beta k\, a_t + \mu \\
&= \alpha(\alpha + r\beta k)\varphi + \beta k(\alpha + r\beta k)\varphi + \mu \\
&= (\alpha + \beta k)(\alpha + r\beta k)\varphi + \mu \quad\quad (4-2-20)
\end{aligned}
$$

当 $t = n$ 时：

$$
\begin{aligned}
Y_n &= \alpha\, a_n + \beta\, b_n + \mu \\
&= \alpha^2 \varphi + \beta\, b_{n-1} + \mu \\
&= \alpha^2 \varphi + \beta(\alpha + r\beta k)\varphi + \mu \\
&= [\alpha^2 + \beta(\alpha + r\beta k)]\varphi + \mu \quad\quad (4-2-21)
\end{aligned}
$$

2. 模型分析结论

生态资本补偿的关键在于平衡好中央政府与地方政府的委托—代理关系，中央政府作为委托人，需要通过转移支付机制有效激励和约束地方政府在土地转换项目执行中的行为。目前实施的"退耕还林（草）"和"草地禁牧"工程，中央政府采取转移支付机制解决项目实施中的委托—代理关系。那么，生态资本补偿有效性，体现在既可以满足中央政府获得国土生态安全，也可以实现生态资本保值和增值目标。另外，补偿政策能够有效激励和约束地方政府积极参与到土地转换项目执行中，既可以满足自我利益最大化，也实现生态资本供给量增加。那么，生态资本补偿成果实施的前提是建立中央政府对地方政府的合理报酬支付和激励约束机制。那么，本书通过对委托双方的代理模型分析，可以得到以下几个重要结论。

（1）中央政府出台有效的激励和约束机制可以明显促进地方政府在土地利用转换项目执行中的工作积极程度，可以显著提高生态资本供给量。

根据公式（4－2－20），当 $t \neq 0$，$t \neq n$ 时候，石羊河流域生态资本供给量（y_t）与地方政府在土地转换项目执行中的工作积极程度（a）成正比。地方政府的工作积极程度与中央政府在生态资本补偿政策中激励系数（φ）成正比，与固定支付额度（s）没有明显关系。那么，若要实现生态资本供给量增加，中央政府作为政策的制定者，必须对地方政府出台有效的激励和约束制度，生态补偿额度与地方政府的工作积极程度和生态资本供给量挂钩。

（2）制定差异化的生态资本补偿政策，尊重地方政府的风险规避特征，实现委托双方利益最大化。

根据地方政府在土地利用转换项目风险中的规避特征，现实中地方政府对工作积极程度评价普遍低于未来获得的期望收益，这一差值为公式（4－2－17）中的 $\dfrac{\rho \varphi^2 \sigma^2}{2}$。

此时，地方政府出于风险规避的需要，补偿政策中的激励和约束机制就大打折扣。从均衡最优角度出发，中央政府的最优激励系数（φ）与地方政府的风险规避程度（ρ）存在负相关性，即中央政府的激励系数越大，地方政府的风险规避程度越低。地方政府在土地转换项目的风险规避程度上趋向无穷大，决定了土地利用转换执行中地方政府的风险承担为 0，也就是中央政府的激励效果不存在，地方政府没有接收到中央政府的固定支付。中央政府与地方政府在生态资本补偿政策的权责划分类似于中国改革开放时期的土地承包制度，即全额包干和固定上交制度，在全额包干制度下，地方政府必须以积极的工作态度对待土地利用转换项目，实现生态资本供给最大化，获得中央政府的足额生态补偿资金。现实中，地方政府在双向委托—代理关系中存在一个"声誉效应"。在中国供给主导制的行政体制中，地方政府官员由于个人升迁和区域竞争关系，代理人必须在土地利用转换项目保证自己的声誉，会不自觉地提高在生态资本供给中的积极程度。

第三节　政府与农户的行为博弈分析

从经济学角度来看现有生态补偿中的土地利用转换，实质上是中央政府通过购买农户一定时期内的土地使用权，人为改变土地利用景观格局，实现生态资本供给增加的目标。一般情况下，中央政府采取货币补偿或者粮食补偿的方式来购买农户土地使用权。从土地供给角度来看，农户对土地使用权的出让至少建立在补偿标准能够让其生活福利不下降。从土地需求方面来看，国家从维护国土生态安全角度，保证生态资本保值和增值目标，依据每年财政实力确定购买农户土地数量以及支付标准。农户在土地利用转换项目中所表现的积极性和消极性，很大程度上取决于所承担的成本和收益相比较。那么，在政府和农户之间存在一个动态博弈的过程，政府是动态博弈过程中的对立方（中央政府或地方政府），可以根据博弈双方的行为构建一个动态博弈模型。

一　政府与农户的动态博弈关系分析

（一）模型要素

（1）博弈局中人：政府（中央政府或者地方政府），中央政府是生态资本补偿政策的"制定者"，地方政府是生态资本补偿政策的"执行者"。二者在生态资本补偿政策中存在一定程度的目标一致性，即生态资本补偿顺利实施，达到预期效果，即农户主动转换土地利用决策，转向有利于生态资本供给的土地利用方式。在这里为了方便起见，本书将中央政府和地方政府统一称为政府。

（2）策略集合：策略集合是指博弈双方有可能采取的全部决策集合。在博弈过程中博弈双方的决策是在各自理性判断的基础上做出的策略集合，需要说明的是，博弈双方在动态博弈过程中的策略选择行为是一次性的。

（3）博弈次序：在动态博弈过程中博弈方有先后次序，先博弈方可能利用自己的先发优势影响后博弈方。反过来讲，后博弈方可以观察到先博弈方的行为而做出自身利益最大化的行为。基于石羊河流域土地利用转换项目实施中，本书的动态博弈最早开始于政府。

（4）支付函数：在动态博弈过程中，政府和农户采取的策略集合确定，局中人就会得到相应的"收益"。那么，农户参与土地利用转换项目所承担的成本做出合理计算，首先需要明确农户在项目实施中的经济利益损失。一般情况下，农户的经济利益损失来自两个方面，即直接成本和机会成本。直接成本包括项目实施所必要的基础物质资料，如现行实施的退耕还林（草）、草地禁牧所需要的林草苗木、封禁围栏等。即使在土地利用转换项目中强制划出一部分自己用于上述开支，但仍然需要农户自筹一定资金用于项目建设。同时，农户还需要承担病虫害、草原鼠害、植被栽植等任务。更重要的是，土地是农户的重要生计载体，一般情况下用于种植和放牧，都会给农户带来可观的经济收益。那么，土地利用转换项目中的首要任务是完成政府确定的年度转换任务，即退耕还林（草）和草地禁牧工程促使土地功能由生产型向生态型转变，以便增加生态资本供给量。此时，农户的机会成本包括土地收入减去种植业和畜牧业经营成本。从农户收益情况来看，土地利用转换项目实施带给农户的收益可能来自两个方面，即短期收益和长期收益。短期收益是指农户在项目实施中获得的补偿资金以及从事项目获得的劳动收入；长期收益来自土地利用转换项目带来的生态资本供给量增加以及环境改善。但是，生态建设带来的长期收益是一个缓慢释放的过程，并不能够立马见效，并且还会受到客观存在的气温、降雨等自然条件的限制。

从农户成本和收益分析来看，土地利用转换与农户生计存在激烈的冲突，尽管政府采取了一定的经济激励措施来弥补农户利益损失。但是，农户参与土地利用转换项目中存在积极性和消极性选择，农户倾向哪种选择更多来自政府能为农户提供何种补偿。就现行的补偿政策来看，政府给予农户在土地利用转换的各项补助与参与成本明显不对等。

（二）模型假设

在动态博弈过程中，局中人政府与农户均是理性人，以追求自身净收益最大化为目标。具体来讲，政府希望通过补偿支出最小，而实现最大限度地增加生态资本供给量。农户根据收益成本来权衡，是否积极或者消极参加土地利用转换项目。假设政府和农户彼此了解对方的决策集合，双方各自拥有完全信息①，双方在下一步行动的时候，各自均能够观察到对方的行为，即成为完美信息动态博弈模型。

二 政府与农户的动态博弈模型构建与解释

通过以上分析，本书便可以使用扩展公式表达政府与农户之间的完全信息动态博弈。$A_H - C_H$、$A_L - C_H$、$A_H - C_L$、$A_L - C_L$ 表示政府采取足额补偿或者不足额补偿选择行为时的支付向量；$B_H - D_H$、$B_L - D_H$、$B_H - D_H$、$B_L - D_L$ 分别代表农户采取积极或者消极参与策略行为时的支付向量。

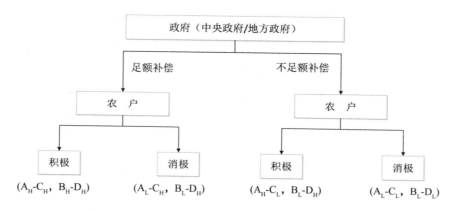

图 4-1　土地利用转换项目中政府与农户的博弈模型

在图 4-1 中，A_H 表示土地利用转换项目中农户采取积极参与策略的时候，政府的收益较高；A_L 表示农户选择消极参与策略的时候，政府的收益较低；C_H 表示在土地利用转换项目中采取足额补偿时，政府支付的成本高；相反，C_L 表示政府选择不足额补偿时，政府支付了较低成本。B_H 表示政府在土地利用转换项目中采取足额补偿时，农户选择积极参与策略所获得长期收益；相反，B_L 表示政府在土地利用转换项目中采取不足额补偿时，农户选择消极参与所获得长期收益。D_H 表示政府在土地利用转换项目中选择积极参与决策时，所支出的成本较高；相反，表示政

---

① 李文刚、罗剑朝、朱兆婷：《退耕还林政策效率与农户激励的博弈均衡分析》，《西北农林科技大学学报》（社会科学版）2005 年第 5 期，第 15—18 页。

府在土地利用转换项目中采取不足额补偿策略时候，所支出的成本较低。

三 结果与分析

鉴于目前的土地利用转换项目均有一定的实施期限，如"退耕还林（草）""草地禁牧"等工程的实施期限一般在5—8年时间，本书主要考察补偿期内政府与农户动态博弈行为。运用逆向归纳法得出补偿期内政府与农户的子博弈精炼纳什均衡解：

第一阶段，土地利用转换项目能够增加生态资本供给量是巨大的，可以肯定的是，$A_H > C_H > 0$ 或者 $A_L > C_L > 0$，理性的政府会选择向农户补偿策略，可以排除博弈在第一步终止的情形。

第二阶段，在土地利用转换期内，农户得到的生态补偿并不能够保证未来土地高收益，并且不足以弥补高额参与成本和收益风险。那么，在政府与农户的动态博弈过程中出现了 $B_L - D_L > B_H - D_H$ 的情况。此种情况下，无论政府是足额补偿还是不足额补偿，农户更加倾向选择一种消极参与土地利用转换项目，这主要是由农户出于自身利益最大化的严格占有策略决定的。

运用逆推归纳法分析土地利用转换项目中政府与农户动态博弈过程，得到子博弈精炼纳什均衡的结果是：不足额补偿，消极参与。从效率角度出发，这是一种低效率的博弈结果，并不是政府与农户动态博弈过程的最优结果。通过上述分析，可以得到以下结论。

在现有的补偿政策中，农户参与土地利用转换得到的近期收益（生态补偿），远远不能弥补农户在土地利用转换项目所付出的直接成本和机会成本，也就造成了较低效率的子博弈精炼纳什均衡（不足额补偿，消极参与），即政府在土地利用转换项目中采取不足额补偿策略选择行为，农户采取消极参与策略选择行为，这种博弈结果直接导致转换土地的面积和质量下降，生态资本供给量减少。

从生态补偿政策出发，政府作为生态资本补偿政策的"制定者"和"执行者"，破解这种低效的子博弈精炼纳什均衡状态（不足额补偿，消极参与）的核心是制定更有经济激励的补偿标准。换句话说，在土地利用转换项目执行中，需要重视农户的策略选择行为，充分考虑农户的参与成本，以激励农户选择更为积极的态度参与生态补偿项目，以便最大化增加生态资本供给量。

由于中国的政治经济体制决定了政府在生态资本补偿政策制定过程中的"制定者"角色。从理论上看，政府制定生态资本补偿的目标是生态收益目标最大化。一方面，从国家整体生态安全角度出发，旨在增加生态资本供给量。另一方面，着眼于经济目标，通过制定补偿政策，鼓励土地使用人参与到土地利用转换项目，意在通过经济学手段解决公共产品的外部性问题。现实中，石羊河流域正在实施的生态补偿政策中，农户常常被忽略，一开始并没有被纳入补偿政策制定、工程规划、设计和执行环节中，被认为只能是补偿政策的被动接受者。政府为了实现生态补偿中的土地利用转换目标，农户只有被动参与项目执行过程中，政府强制农户退耕还林（草）或者草地禁牧以及草畜平衡政策。从退耕还林（草）政策来看，大多数还林还草区域属于绿洲边缘外围的沙化土地，恰恰大量占用生态用水的耕地并没有退出。第二轮退耕还林（草）工程实施前，石羊河流域有效灌溉面积 243.56 千公顷，到了 2017 年这一数字增加到 250.53 千公顷，大量占用生态用水并且生产效率低下的耕地并没有清退出来。草地禁牧管理方面，在"退牧还草"工程实施前，2012 年石羊河流域牲畜（羊、大牲畜）存栏数在 443.38 万头（只、匹），出栏率为 44.90%。2017 年，石羊河流域牲畜（羊、大牲畜）存栏数在 463.83 万头（只、匹），出栏率为 63.86%。虽然出栏率有所提高，但是牲畜存栏数量已经增加了 20.45 万头（只、匹），年均增长 14.49%。在对肃南县皇城镇皇城村调研走访中发现，当地政府严格执行草地禁牧和草畜平衡政策，部分牧户选择在中下游（金昌市、永昌县、凉州区等地）承包耕地，大量种植饲草料，以满足上游减畜政策强制清出牛羊的需要。实际上，石羊河流域正在实施的草原生态保护禁牧政策并没有使牲畜数量下降，反而使牲畜产业从上游转移到了中下游区域。从以上统计数据和调查结果来看，大量占用生态用水的耕地以及超载牲畜并没有减少，农户消极参与土地利用转换项目，背后的根源是现行生态资本补偿政策中并没有很好兼顾到农户关切的生计利益。

第四节　本章小结

本章通过对石羊河流域正在实施的"退耕还林（草）""草地禁牧"等一系列土地利用转换项目进行分析，收集和整理二手统计资料，结合多次实践调研反馈结果，运用动态博弈分析方法，对现行土地利用转换项目进行评价，分析背后政府和农户博弈行为和机理。

分析结果表明，石羊河流域现有针对土地利用转换而实施的补偿政策存在以下问题。

（1）中央政府出台有效的激励和约束政策可以明显促进地方政府在土地利用转换项目执行中的工作积极程度，也可以显著提高生态资本供给量。那么，若要实现生态资本保值和增值，中央政府作为生态资本补偿政策的"制定者"，必须对地方政府出台有效的激励和约束制度，尤其是生态补偿额度与地方政府的工作积极程度和生态资本供给量挂钩。根据地方政府在土地利用转换项目中风险规避特征，地方政府对工作积极程度评价普遍低于未来获得的期望收益。在未来，生态资本补偿政策制定中，尊重地方政府的风险规避特征，实现委托双方利益最大化。

（2）政府作为补偿政策的"制定者"，在生态资本补偿政策设计之初，常常忽视农户的合理利益诉求，尤其在土地利用转换项目实施过程中并没有很好地考虑农户的参与意愿。现有土地利用转换项目的补偿标准并不能有效弥补农户参与成本和机会成本，如草地维护和建设成本，放弃耕地或者草地的机会成本，也就造成了较低效的子博弈精炼纳什均衡（不足额补偿，消极参与），即政府在土地利用转换项目中采取不足额补偿策略选择行为，农户采取消极参与策略选择行为，这种博弈结果直接导致转换土地的面积和质量下降，生态资本供给量减少。

基于以上问题的存在，双向委托关系中存在中央政府的转移支付制度能够显著提高地方政府参与土地利用转换项目的积极程度。同时地方政府的风险规避特征与转移支付激励效应存在负相关性，即地方政府的风险规避程度越高，中央政府采取的转移支付激励效应越低。其次，政府与农户存在低效的子博弈精炼纳什均衡问题，政府并不能有效激励土

地使用者改变土地用途。所以，本书就必须针对上述存在的中央政府与
地方政府的风险规避与补偿激励不足，以及政府不足额补偿和农户消极
参与问题给予解决，这也为后文研究提供了基础和出发点。

第 五 章

生态资本供给量确定与价值评估

　　一直以来，生态资本难以度量、难以核算是摆在生态文明建设中的基础性难题。科学地测算干旱内陆河流域生态资本供给量，将生态资本外部性、非市场价值转化为人们认可的内在经济价值的是本书的第一步。那么，如何选取适宜的评估模型对其展开科学的评价是本书的关键所在。在现有实践中，由于人类尚未完全认识生态资本供给的过程，一般通过土地利用变化确定生态资本供给量。本书将水源涵养服务看成干旱内陆河流域生态系统向外界提供的一种生态资本。

　　本书以 Arcgis10.5 软件和 InVEST 模型为平台，基于研究区大量实测空间数据为基础，对生态资本供给能力展开评估。具体原理：InVEST 模型在 Arcgis10.5 空间栅格上运行，根据气象调节、坡度和土地覆被类型来计算流域上每个栅格的生态资本供给量。生态资本是指每个栅格单元的实际降雨量减去实际蒸发量，在经过降雨量与蒸发量之间数据计算（生态资本供给与气候、土壤、地表覆被等因素紧密相关），经过计算得到干旱内陆河流域的生态资本供给量。

第一节　生态资本供给量确定的遥感模型

一　InVEST 模型原理与算法

（一）InVEST 模型原理

InVEST 模型由世界自然基金会、大自然保护协会和美国斯坦福大学联合开发，可以模拟不同土地利用类型情景下多种生态系统服务量和价

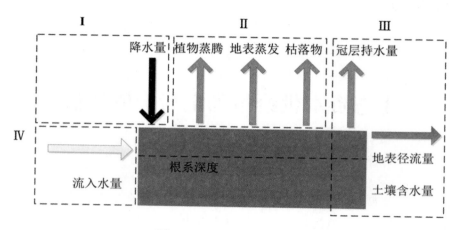

图 5 – 1 InVEST 模型原理

值量。① InVEST 模型已在诸多流域尺度的生态系统服务评估中得到广泛应用②③。InVEST 模型能够支持各类区域土地、气象、地形、土地等相关数据，也可以适用于全球尺度的生态系统服务功能评估。InVEST 模型根据地球水循环的原理，通过自然气象、植被蒸腾、土壤深度、根系深度等众多参数计算，最终获得生态资本供给量。本书采用 InVEST 模型中 hydropower 模块进行供给量计算，即 Water Yield。Water yield 模块以栅格单元为基础，假设每一个栅格单元都能够通过地表径流或者地下径流方式汇集到流域出口，然后计算出该栅格单元范围内的产水量，再根据产水量减去土壤含水量和蒸发量。InVEST 模型中所有的数据都在模块设计的小流域范围进行计算，通过流域尺度进行栅格生态资本供给量计算，最后采取加权平均方式得到子流域单元的产水量，即生态资本供给量。InVEST 模型的 Water yield 模块的优势在于能够以栅格尺度参与运算的过程中考虑了自然降水、蒸散发、土壤深度和根系深度、土地利用类型、

---

① Tallis HT, Ricketts T., Guerry AD et al., "InVEST2. 1 Beta User's Guide. The Natural Capital Project", Stanford, 2011.

② 陈姗姗：《南水北调水源区水源涵养与土壤保持生态系统服务功能研究》，博士学位论文，西北大学，2016 年。

③ 王玉纯、赵军等：《石羊河流域水源涵养功能定量评估及空间差异》，《生态学报》2018 年第 13 期，第 4637—4648 页。

地形地貌等诸多因素。基于完整的数据图层和参数数据，该软件能够给出模拟多种土地利用情景的运算结果。

（二）InVEST 模型计算公式

InVEST 模型基于水量平衡原理，用栅格的降水量减去实际蒸散后的水量，进而得到产水量 Y_{xj}，计算公式如下：

$$Y_{xj} = \left(1 - \frac{AET_{xj}}{P_X}\right)P_x \qquad (5-1-1)$$

$$\frac{AET_{xj}}{P_X} = \frac{1 + \omega_x R_{xj}}{1 + \omega_x R_{xj} + \dfrac{1}{R_{xj}}} \qquad (5-1-2)$$

$$\omega_x = Z\frac{AWC_x}{P_x} \qquad (5-1-3)$$

$$R_{xj} = \frac{K_{xj} \cdot EY_0}{P_x} \qquad (5-1-4)$$

公式（5-1-1）中 Y_{xj} 为空间栅格，其中 x 为土地利用类型 j 的年产水量；AET_{xj} 为空间栅格单元 x 中土地利用类型 j 的实际蒸散发量；P_x 为空间栅格单元 x 的降水量；x 为自然气候 – 土壤性质的非物理参数；R_{xj} 为干燥指数；Z 为 zhang 系数；AWC_x 为空间栅格单元 x 的土壤有效含水量，该项指标主要由研究区土壤深度和理化性质决定；K_{xj} 为空间栅格单元 x 中土地利用类型 j 的植被蒸散发系数；ET_0 为参考植物蒸散系数。

基于 InVEST 模型运算得到生态资本供给量，通过 DEM 计算地形指数 D，根据不同类型土壤的渗透性差异，得到不同土地利用类型的地表径流系数，再计算石羊河流域生态资本供给量，计算公式如下：

$$WR = min\,(1,249/Velocity) \times min\,[1,(0.9 \times TI)/3] \times$$
$$min(1, K_{soil}/300) \times Yield \qquad (5-1-5)$$

公式（5-1-5）中 WR 为多年平均生态资本供给量（mm），TI 为地形指数，无量纲；$Ksoli$ 为土壤饱和导水率（cm/d）；$Velocity$ 为流速系数，Y 为产水量。

$$TI = log \left(\frac{Watershedpixelcount}{Soildepth \times percentslope} \right) \qquad (5-1-6)$$

公式（5-1-6）中，Watersheped pixel count 为集水区空间栅格数量；Soil depth 为土壤深度（mm）；Percent slope 为百分比坡度（%）。

二　影子工程法

选取影子工程法，即利用修建水库成本来评估生态资本供给量的经济价值。计算公式如下：

$$E = AV \qquad (5-1-7)$$

$$V = \sum_{x=1}^{n} Y_{xj} \qquad (5-1-8)$$

公式（5-1-7）中，E 为生态资本供给价值，单位：元，A 为单位库容造价，单位：元/m³，参考 DB11/T1099—2014 技术规范，本书中单位库容造价取 6.1107 元/m³；V 为生态资本的存量，单位：m³；Y_{xj} 为第 j 种土地利用/覆被类型栅格 x 的生态资本供给量/m³。

第二节　模型参数获取与处理分析

一　模型参数获取与来源

InVEST 产水量模块需要诸多参数，包括空间栅格图层形式和数据表形式两类，主要输入因素有：降雨量栅格数据，潜在蒸散发（ET_0）、土壤根系深度（Solildepth）、植物可利用水量（PAWC）、Zhang 系数（降雨特征表达）、地形指数（TI）、土壤饱和导水率（Ksat）、流速系数（Velocity）和填洼好的 DEM。具体说明见表 5-1：

表 5 – 1　　　　　　　　　　　数据需求来源与参数本地化

模块	所需参数	本地化处理
产水	降水量	2000 年和 2015 年石羊河流域 14 个气象站关于降雨量数据，运用 ANUSPLIN 模型对石羊河流域展开空间插值计算研究区蒸发量、降水量空间栅格数据。其次用较差验证法对降雨量插值数据进行校对，信号自由度为 10.6，小于站点数的 1/2
产水	潜在蒸散量	2000 年和 2015 年石羊河流域附近 14 个气象站的日最低气温、最高气温、日平均气温、日平均风速、采用经过参数校对的 Penman—monteith 公式计算，通过 ANUSPLIN 模型进行空间插值得到潜在蒸散量空间栅格数据，用较差验证法对插值进行经度校对，信号自由度为 9.2，小于站点数的 1/2
	植物可利用含水量	基于第二次全国土壤普查数据中的土壤质地组成与分类数据，植物可利用含水量为田间持水量和永久萎蔫系数两者之间的差值，计算植物可利用含水量
	土壤根系深度	基于石羊河流域土壤普查数据，土壤资源质量评价参数获取，按照土地利用类型分别给予赋值
	zhang 系数	参考王玉纯结论，取 2.1
涵养	地形指数	根据百分比坡度、汇水面积和土壤深度计算获得
	饱和导水率	基于实地土壤黏粒、粉粒，和粗沙百分比含量数值，用 Neruo Theta 软件预测出饱和导水率
	流速系数	采用模型参数表数据
	百分比坡度	基于 Arcgis10.5 空间分析模块，根据 DEM 算的，本区河谷川原坡度 1—7 度，潜山丘陵坡度 10—25 度，中山地貌坡度大于 25 度
	集水区域	基于 Arcgis10.5 空间分析模块，根据 DEM 算的，30m × 30m，洼地填充处理

二　主要模型参数处理与分析

（一）参数处理与分析

1. 降雨量提取

本书利用石羊河流域及附近 14 个站点的 2000 年和 2015 年月降雨量，计算年平均降雨量，考虑到海拔因素，采用克里金法进行空间插值，用交叉验证法对插值数据进行精度矫正。从空间角度来看，石羊河流域平均降水量介于 125.149—368.699mm，降雨量空间分布的南北差异显著。

南部祁连山区的天祝县、古浪县、肃南县部分地区降雨量丰富。由南向北，降雨量空间分布依次呈现天祝县 > 古浪县 > 武威 > 永昌县 > 金昌县 > 民勤县的依次递减特征。

2. 潜在蒸散量（ET$_0$）

潜在蒸散量表示自然蒸发所引起的水分损失上限。潜在蒸散量可以代表下垫面植被的蒸发潜力和蒸发压力梯度值。潜在蒸散量与蒸发压力梯度大存在正相关性，潜在蒸散量越大，植被蒸发潜力越高。根据石羊河利用附近 14 个气象站点的温度、日照数据，推算出年平均蒸发量，考虑到海拔、地形等自然条件差异，借用 Arcgis10.5 软件，运用克里金法进行空间插值，采用交叉验证方法对其校准，得石羊河流域潜在蒸散量，潜在蒸散量的空间分布呈由南到北递减。石羊河流域上游天祝县、肃南县潜在蒸散量基本在 650—800mm，主要是因为上游植被覆盖程度较高，潜在蒸散量较好。流域中游永昌县、武威市等地潜在蒸散量处于中间水平，基本在 850—1000mm，流域下游民勤县、金昌市潜在蒸散量普遍较高，基本在 1000—1200mm。

3. 植物可利用含水量（PAWC）

植物可利用水含量表示的是土壤中能被植物吸收和利用的那部分含水量，即与田间持水量（Field Moisture Capacity，FMC）与凋萎系数（Wilting Coefficient，WC）之间的含水量。植物可利用水含量的大小主要与土壤质地密切相关，同时也取决于不同作物的根毛吸水力和土壤吸力的大小。土壤吸力能力取决于土壤的含水量，一般而言，土壤水分越多，土壤的吸力越小，有效含水量就越多。FMC 和 WC 由下列经验公式计算而出。[1]

$$FMC = 0.003075 \times Sand（\%）+ 0.005886 \times Silt（\%）+ 0.008039 \times$$
$$Clay（\%）+ 0.002208 \times OM（\%）- 0.14340 \times BD$$

$$(5-2-1)$$

---

① Gupta S. C., Larson W. E., "Estimating Soil Water Retention Characteristics From Particle Size Distribution, Organic Matter Percent, and Bulk Density", *Water Resources Research*, Vol. 15, No. 6, 1979, pp. 1633 – 1635.

$$WC = -000059 \times Sand（\%）+0.001142 \times Silt（\%）+0.005766 \times$$
$$Clay（\%）+0.002228 \times \times OM（\%）+0.02671 \times BD$$

$$(5-2-2)$$

公式（5-1-1）中 Sand（%）、Silt（%）、Clay（%）、OM（%）和 BD 分别表示沙粒含量（%）、粉粒含量（%）、黏粒含量（%）、有机质含量（%）、土壤容重（g·m⁻³），公式中部分数据来自第二次土壤调查数据和世界土壤数据库（HSWD）。

石羊河流域植物中土壤可利用含水量的空间差异较大，就整体而言，呈南高北低趋势，最北端的民勤县与南端的天祝县和肃南县相差 0.1213。

4. 土壤根系深度（Root_ depth）

根系深度主要根据石羊河流域不同植被类型。本书以土地利用类型（Ⅲ级）中的 20 个类型为单元创建根系深度 dbf 表。参考 Canadell（1996）发表的 "Maximum rooting depth of vegetation types at the global scale" 一文①，文中总结了已发表文献中 290 个观察样本的土壤根系深度，又根据王玉纯（2018）对石羊河流域参数展开本地化，详细模型参数见表 5-2。从石羊河流域土壤根系深度空间分布表来看，中游永昌县、武威市，下游民勤县的土壤根系深度明显高于流域上游。

表 5-2　石羊河流域不同土地利用类型下土壤根系深度模型参数表

土地类型	地类	土壤根系深度	土地类型	地类	土壤根系深度
旱地	12	400	城镇用地	51	1000
有林地	21	3000	农村居民点	52	1000
灌木林	22	5100	其他建设用地	53	1000
疏林地	23	1500	沙地	61	1000
其他林地	24	1500	戈壁	62	1000
高覆盖度草地	31	500	盐碱地	63	1000
中覆盖度草地	32	300	沼泽地	64	300

① Canadell J. , Jackson R. B. , Ehleringer J. B. , et al. , "Maximum rooting depth of vegetation types at the global scale", Oecologia, Vol. 108, No. 4, 1996, pp. 583-595.

土地类型	地类	土壤根系深度	土地类型	地类	土壤根系深度
低覆盖度草地	33	200	裸土地	65	1000
河渠	41	1000	裸岩石质地	66	1000
湖泊	42	1000	其他	67	1000
水库坑塘	43	1000			
永久性冰川雪地	44	1000			
滩地	46	1000			

5. 土地利用变化

本书将石羊河流域土地利用/覆被分为 9 类，依次为建设用地、未利用土地、林地、水域、耕地、低覆盖度草地、中覆盖度草地、高覆盖度草地等。本书所用到的土地利用/覆被数据由中国科学院资源环境科学数据中心提供（http://www.resdc.cn/Default.aspx）。南部祁连山区是石羊河流域重要的产水地，下游地区土地覆被类型多为耕地和林地。

（二）供给参数处理与分析

1. 流速系数（Velocity）

流速系数表示了大气下垫面的地表径流运动对产流的影响。按照 US-DA—NRCS 中流速—坡度—景观的基准，依据 InVEST 模型数据标准，参考陈姗姗和王玉纯的结果，本书将其数值扩大 1000 倍，得到石羊河流域 9 类不同土地利用类型的流速系数（见表 5-3）。

表 5-3　　　　　　　　石羊河流域流速系数参数表

土地类型（Lucl_ class）	流速系数（Velocity）
耕地	900
林地	249.5
低覆盖度草地	650
中覆盖度草地	550
高覆盖度草地	450
水域	1649.6
城乡、工矿、居民用地	2012
未利用土地	200

2. 土壤饱和导水率（K_{sat}）

根据全国土壤第二次调查结果，基于实地土壤粉粒（caly）、黏粒（silt）和粗沙（sand）百分比含量，用 Neuro Theta 软件预测出石羊河流域饱和导水率（K_{sat}）。根据石羊河流域不同土壤值得到土壤饱和导水率预测值，在 Arcgis10.5 软件中基于土壤类型图得到土壤饱和导水率分布。可以看出，石羊河流域土壤饱和导水率由南向北呈逐渐递减趋势，上游祁连山山区明显高于下游北部荒漠地区。

3. 其他参数

其他参数中百分比坡度（Present slop）、地形指数（TI、汇水面积）（Drainage area）是基于 DEM 生成不规则三角形 TIN，应用"TIN to Raster"命令获得，进行填挖处理，汇水面积是基于 DEM，由 Arcgis10.5 空间分析模块中的水文分析工具计算汇水量"Flow Accumulation"，根据模型公式乘以栅格面积获得，百分比坡度 DEM，由 Arcgis10.5 空间分析模块中的水文分析工具计算获得。

第三节　生态资本供给量确定与价值评估

一　生态资本供给量

（一）单元生态资本供给量的空间分布

基于 InVEST 模型结果，结合石羊河流域地形指数和土壤饱和导水率等计算，得到 2015 年和 2000 年单元栅格的平均生态资本供给能力分别介于 0—267.019mm 和 0—265.01mm。对比发现，石羊河流域单元生态资本供给能力平均值由 2000 年的 15.94mm 上升到 2015 年的 17.80mm。单元平均生态资本供给量分布格局与单元生态资本供给能力的空间分布格局基本一致，呈现出由南向北逐渐递减趋势。

（二）不同县域的单元生态资本供给量

石羊河流域中南部山区森林、草地等植被条件较好，降水量充沛，土壤发育和持水能力较强，水土保持功能较好。上游肃南县、天祝县单元生态资本供给能力最高，分别为 59.52mm、70.89mm（2000 年）和 59.59mm、74.51mm（2015 年）。石羊河流域中下游是生态资本供给能力低值区域，主要分布在民勤、金昌等地，单元生态资本供给能力仅仅为1.03mm 和 3.28mm（2015 年）。该区域人类经济社会活动强度大，耕地分布较高，受腾格里沙漠和巴丹吉林沙漠威胁较大，土地荒漠化严重，生态资本的量较低。从植被覆盖来看，中下游地区植被覆盖较低，未利用荒漠化土地较多，降水稀少。但是在该区域可以看到零星的生态资本供给能力较高的区域，结合土地覆被情况，可以看出主要是林地区域。

从表 5-4 中不同县域生态资本供给量来看，天祝县和肃南县生态资本供给量最高，分别为 $2.44 \times 10^8 \mathrm{m}^3$ 和 $2 \times 10^8 \mathrm{m}^3$，其次是永昌县、古浪县、武威市、民勤县、金昌市。

表 5-4　　　　　　石羊河流域各县（市）生态资本供给量比较

县（市）	2000 年		2015 年	
	单元生态资本供给能力（mm）	生态资本供给量（$10^8 \mathrm{m}^3$）	单元生态资本供给能力（mm）	生态资本供给量（$10^8 \mathrm{m}^3$）
永昌县	12.38	0.80	14.35	0.93
古浪县	12.43	0.63	18.49	0.94
金昌市	2.53	0.03	3.28	0.04
民勤县	0.73	0.12	1.03	0.17
肃南县	59.52	2.00	59.59	2.01
天祝县	70.89	2.44	74.51	2.57
武威市	10.71	0.54	13.52	0.68
均值/总计	24.17	6.56	26.39	7.33

（三）不同土地利用类型的生态资本供给量

利用 Arcgis10.5 空间统计分析工具，分别计算了石羊河流域各土地利用类型的单元生态资本供给能力和生态资本供给量。从 2015 年各类土地的单元生态资本供给能力来看，依次为林地（104.06mm）＞高覆盖草地（55.11mm）＞中覆盖草地（34.14mm）＞低覆盖草地（19.58mm）＞耕地（15.11mm）＞水域（5.09mm）＞建设用地（4.44mm）＞未利用土地（1.22mm）。相比较而言，从 2000 年到 2015 年，林地、高覆盖度草地和中覆盖草地分别下降了 10.49m、17.44mm 和 9.67mm。

　　从 2015 年各土地类型的生态资本供给量来看，依次为林地（2.75）>中覆盖度草地（$1.70 \times 10^8 \mathrm{m}^3$）>耕地（$0.98 \times 10^8 \mathrm{m}^3$）>低覆盖草地（$0.96 \times 10^8 \mathrm{m}^3$）>高覆盖度草地（$0.67 \times 10^8 \mathrm{m}^3$）>未利用土地（$0.25 \times 10^8 \mathrm{m}^3$）>水域（$0.01 \times 10^8 \mathrm{m}^3$）和建设用地（$0.01 \times 10^8 \mathrm{m}^3$）。林地和草地是对生态资本供给量贡献最大的土地利用类型之一，生态资本供给量分别为 $2.75 \times 10^8 \mathrm{m}^3$ 和 $1.7 \times 10^8 \mathrm{m}^3$。从 2000 年到 2015 年，不同地类单元生态资本供给能力均呈现不同程度的下降趋势，尤其高覆盖度草地和中覆盖度草地类型，分别下降了 37.91mm 和 20.01mm。从 2000 年到 2015 年，研究区林地、高覆盖度草地、低覆盖度草地的生态资本供给量呈增加趋势，未利用土地和中覆盖度草地呈减少趋势；耕地、水域、建设用地基本无变化。

　　从表 5-5 中石羊河流域不同地类单元生态资本供给能力和供给总量来看，林地和低中高覆盖度草地是对生态资本供给量贡献最大的土地类型，这一趋势也基本符合王玉纯等人指出石羊河流域草地、林地和耕地的生态资本供给量贡献最大的结论。[①]

表 5-5　　石羊河流域各土地利用类型的生态资本供给能力分析

土地利用类型	2000 年		2015 年	
	单元生态资本供给量（mm）	生态资本供给量（$10^8\mathrm{m}^3$）	单元生态资本供给量（mm）	生态资本供给量（$10^8\mathrm{m}^3$）
耕地	12.32	0.95	15.11	0.98
林地	114.55	2.12	104.06	2.75
水域	7.21	0.00	5.09	0.01
建设用地	6.18	0.02	4.44	0.01
未利用土地	2.05	0.46	1.22	0.25
低覆盖度草地	19.95	0.80	19.58	0.96
中覆盖度草地	43.81	1.82	34.14	1.70
高覆盖度草地	72.55	0.39	55.11	0.67
均值/总计	34.82	6.56	29.84	7.33

---

① 王玉纯、赵军等：《石羊河流域水源涵养功能定量评估及空间差异》，《生态学报》2018年第 13 期，第 1—11 页。

二 生态资本供给量价值评估

（一）生态资本供给量价值评估方法选取

到底什么生态资本的"价值"？生态经济学认为价值源于物体的有用性。这意味着，生态资本的价值体现在有用性上，即满足了人类的某种需要。但价值概念是一种广义概念，不同角度对价值本质的界定不同。客观世界中，一些太大，太过缥缈的价值无法被人类价值体系所容纳。因此，生态资本对人类存在效用的前提下，生态资本价值是多维度的，包括存在价值、生态价值、经济价值等。在本书中，我们暂且不考虑生态资本的其他价值，而是更多考虑生态资本的经济价值，主要因为人类过度支配生态资本，并不是因为讨厌生态资本，而是因为经济领域中的投机。生态资本进入经济价值范畴后，一个很核心问题是区分市场价值和非市场价值。那么，石羊河流域生态资本供给不可持续的根源是市场价格不清。生态资本价值为交易双方进行经济决策提供重要参考信息，并引导流域生态资本要素流向效率更高的经济领域。生态资本价值形成机制既是生态资本走向市场运营的关键，也是解决石羊河流域长期人类行为外部性和"搭便车"问题的关键。因此，需要建立能够反映生态资本市场供求关系，真实反映生态资本稀缺程度和环境损害成本，以此建立生态产品和生态服务价格形成的机制。

从上文分析来看，在这两种情况下有必要确定生态资本价值，一是为了通过市场实现生态资本价值，体现生态资本稀缺性；二是中央政府为了实现生态资本供给可持续，需要估计补偿政策的成本与收益。从现有生态资本供给量价值评估模型来看，影子价格法①是从资源的有限性出发，为了弥补现实市场价格机制存在的缺陷，以充分、合理分配资源并提高其使用效率的价值评估方法。影子价格方法是对系统内部资源的一种客观评价。因此，影子价格是一种虚拟价格。据此，本书采取影子工程方法，通过对修建相应的水库成本来评估以水源涵养量表征生态资本

---

① "影子价格"理论是由荷兰经济学家詹恩·丁伯根和苏联经济学家、数学家康托罗维奇为解决资源最优利用问题而提出的。萨缪尔森发展了丁伯格的"影子价格"理论，使其成为一种预测价格来判断资源是否得到合理配置和利用。

的经济价值。计算公式如下：

$$E = \alpha v \qquad (5-3-1)$$

$$V = \sum_{x=1}^{n} Y_{jx} \qquad (5-3-2)$$

公式（5-3-1）中：E 为生态资本供给量价值，单位：元/年；α 为单位库容造价，单位：元/m³/年，参考 DB11/T1099-2014《林业生态工程效益评价技术规程》①，本书中单位库容造价取 6.1107 元/m³；V 为生态资本供给量，单位：m³/年；与 Y_{jx} 为第 j 种土地利用/覆被类型空间栅格 x 的生态资本供给量，单位：m³/年。

（二）石羊河流域生态资本供给量价值

1. 2000 年和 2015 年石羊河流域生态资本供给量价值

在 Arcgis10.5 软件的空间统计功能支持下，运用影子工程方法，以栅格点为计算单元，分别对 2000 年、2015 年的石羊河流域生态资本供给量价值进行了评估以及空间表达。石羊河流域生态资本供给量价值单元栅格价值由 2000 年的 67679.61 元/栅格/年上升到 2015 年的 75541.11 元/栅格/年。从供给价值总量来看，石羊河流域生态资本供给价值由 2000 年的 40.09×10⁸元/年上升到 2015 年的 44.79×10⁸元/年。

2. 石羊河流域生态资本供给量价值的空间变动

由表 5-6 可知，通过 Arcgis10.5 空间统计分析工具，提取了石羊河流域各县市生态资本供给量价值。祁连山区的肃南县和天祝县 2015 年生态资本供给量价值量最高，分别为 12.27 亿元/年和 15.71 亿元/年，其次是古浪县、永昌县、武威市、民勤市、金昌县。从 2000 年和 2015 年的石羊河流域各县市的生态资本供给量价值变动情况来看，古浪县、民勤县的增加速度最高，分别增加了 48.78% 和 41.21%。值得注意的是，中游武威市呈减少趋势，下降了 22.32%。从各县域生态资本供给量价值的空间变动来看，生态资本供给量价值增加的地区主要在流域上游和下游地区的天祝县、民勤县，中游武威市呈下降趋势。这种变化规律可能的原

① DB11 DB11/T1099-2014《林业生态工程生态效益评价技术规程》[S].

因是国家正在石羊河流域实施的土地利用转换工程所致。2000 年，国家正式推出退耕还草（林）等工程，在石羊河流域，上游天然草地和下游荒漠草场是生态建设工程的主要实施地区，大量的生态建设工程在一定程度遏制了人类不合理的经济社会活动，同时天然草地也得到了一定程度的恢复。由此来看，从 2000 年到 2015 年石羊河流域生态资本供给量价值的变化与国家在此区域实施的"退耕还林（草）""草地禁牧"等工程存在紧密联系。

表 5 - 6　　　　　　石羊河流域生态资本供给量价值变动

县（市）	2000 年（亿元/年）	2015 年（亿元/年）	变动百分比（%）
永昌县	4.89	5.66	15.75
古浪县	3.84	5.71	48.78
金昌市	0.18	0.23	29.27
民勤县	0.74	1.04	41.21
肃南县	12.22	12.27	0.42
天祝县	14.92	15.71	5.29
武威市	5.36	4.16	-22.32
合计	40.09	44.79	11.74

第四节　本章小结

目前，还没有很好的办法能够精确估算出地球生态资本的存量究竟有多少，尤其是涉及人类生存的生态资本供给量以及价值更是不得而知。长期以来，生态文明建设面临生态资本难以度量、难以核算的基础性难题。在此种背景下，本书试图从内陆河流域生态安全角度出发，将水源涵养服务暗喻为生态系统向人类提供的最重要生态资本之一。据此，本书收集遥感数据和第一手调查资料、运用 InVEST 模型模拟了石羊河流域 2000 年和 2015 年生态资本供给量变化和空间格局变动，并尝试用影子工程法对生态资本供给量的价值进行评估。

2000 年和 2015 年石羊河流域单元平均生态资本供给能力分别介于

0—265.01mm 和 0—267.019mm。石羊河流域单元生态资本供给能力平均值由 2000 年的 15.94mm 上升到 2015 年的 17.80mm。石羊河单元平均生态资本供给量分布格局与单元供给能力的空间分布格局基本一致，呈现出由南向北逐渐递减趋势。从各个县域来看，上游肃南县、天祝县单元生态资本供给能力最高，分别为 59.52mm、70.89mm（2000 年）和 59.59mm、74.51mm（2015 年）。中下游是生态资本供给能力的低值区域，主要分布在民勤、金昌等地，单元生态资本供给能力仅为 1.03mm 和 3.28mm。

从各类土地的单元平均生态资本供给能力来看，依次为林地（104.06mm）＞高覆盖草地（55.11mm）＞中覆盖草地（34.14mm）＞低覆盖草地（19.58mm）＞耕地（15.11mm）＞水域（5.09mm）＞建设用地（4.44mm）＞未利用土地（1.22mm）。从 2000 年到 2015 年，林地、高覆盖度草地和中覆盖草地分别下降了 10.48mm、17.45mm 和 9.67mm。从生态资本供给量来看，林地和草地是对生态资本供给贡献最大的类型，生态资本供给量分别为 $2.75 \times 10^8 m^3$ 和 $1.7 \times 10^8 m^3$。从 2000 年到 2015 年，石羊河流域不同地类单元生态资本供给能力均呈现不同程度的下降，尤其高覆盖度草地和中覆盖度草地的生态资本供给能力显著下降，分别下降了 37.91mm 和 20.01mm。

2000 年、2015 年的石羊河流域生态资本供给量价值单元栅格价值由 2000 年的 67679.61 元/栅格上升到 2015 年的 75541.11 元/栅格。从价值总量来看，石羊河流域生态资本价值总量由 2000 年的 40.09×10^8 元/年上升到 2015 年的 44.79×10^8 元/年。从各县域的生态资本供给量价值总量来看，祁连山区的肃南县和天祝县生态资本供给量价值总量最高，分别为 12.27 亿元/年和 15.71 亿元/年，其次是古浪县、永昌县、武威市、民勤县、金昌市。2000—2015 年，从石羊河流域各县市的生态资本供给量价值变动情况来看，古浪县、民勤县增加了 48.78% 和 41.21%。从各县域生态资本供给量价值的空间变动来看，生态资本供给量价值的增加主要在流域上游和下游地区的天祝县、民勤县，中游武威市呈下降趋势，这种趋势与国家在此区域实施的"退耕还林（草）""草地禁牧"等土地利用转换工程存在紧密联系。

第 六 章

生态资本补偿的情景模拟

干旱内陆河流域年均降雨不足，水文网稀疏并且呈内流性，土地覆被以荒漠植被和戈壁为主，造成流域生态系统自适应能力较低，其发展和演化趋势很难预测。情景模拟是通过制定经济发展或者生态保护优先或者二者均衡的未来情景，能够很好地分析生态资本的未来时空动态变化。[①] 对于本书来说，生态资本补偿解决的核心问题是如何保证生态资本保值和增值，即生态资本最大化。在此逻辑下，本书中生态资本补偿的情景模拟是基于生态安全需要，判断何种土地利用转换类型能够实现生态资本保值和增值目标，为生态资本补偿标准计算提供科学依据。

具体来看，土地利用转换应该根据不同土壤发育条件、土地利用类型、植被类型、降雨蒸发特征，因地制宜地展开。据此，本书在第五章生态资本供给量以及空间分布规律的基础上，论述了土地利用与生态资本供给的关系。干旱内陆河流域生态系统作为一个有机整体，人类活动通过不同的土地利用策略对生态系统产生影响，人为改变生态系统过程，进而影响到生态资本供给。现行实施的生态补偿更多关注的是土地利用转换面积和范围是否完成，很少关注土地利用转换与生态资本供给的关系。如果不清楚土地利用转换与生态资本供给的关系，很难提高生态补偿项目的效率。生态资本补偿的目标建立在适宜的土地转换类型、面积以及空间分布，对遏制生态系统退化，实现生态资本供给量增加，提高流域生态系统安全水平具有重要意义。

---

① 李双成、张才玉等:《生态系统服务权衡与协同研究进展及地理学研究议题》,《地理研究》2013 年第 32 期, 第 1379—1390 页。

本章主要界定了土地利用转换与生态资本供给量的关系，通过构建模型模拟了不同土地利用转换情景下的生态资本供给量，得到第八章生态资本补偿标准计算所需的生态补偿目标（生态资本补偿标准计算中需要明确的土地利用转换情景、转换面积以及空间分布等目标）。

第一节　土地利用与生态资本供给的关系

一　土地利用与生态资本供给的关联逻辑

从地理学来看，土地是生态系统在区域上的镶嵌体，也是各种自然与经济社会要素的综合作用下的综合体。MA（2005）[1] 提出了人类在土地上的生产活动不断对生态系统产生影响，使得地表覆盖发生了极大变化，进而影响生态系统的产品和服务提供。该报告预计到 2050 年，农业扩展将导致全球草地和林地发生用途转变，生态系统服务发生巨大变化。越来越多的研究学者[2]关注到土地利用与生态系统之间的关系，证实了人类对土地利用的方式不同，造成生态系统服务存在明显差异。已有研究中，生态经济学家把土地利用与生态系统服务形成、供给作为一项重要的研究主线。土地利用变化是生态系统服务供给的重要驱动力之一。生态资本源于生态系统服务，是生态经济学家借用"资本"的概念暗喻能够创造价值的生态系统服务，这一表述既符合生态资本要求保值和增值的本质，又符合生态系统的运行规律。

石羊河上游分布着林地和草地，主要位于肃南县皇城镇和天祝县境内，林地和草地面积占到总面积的36.06%。耕地主要分布在古浪县、武威市、民勤县、永昌县等流域中下游地区，占到流域面积的17.04%。沙地、戈壁、盐碱地等沙化土地分布在下游地区，占到总面积的46.59%。第五章指出，林地、草地是对生态资本供给贡献最大的土地利用类型。石羊河上游是流域重要的生态资本溢出区域，由于人类不合理的土地利

① Millennium E. A. , "Ecosystems and Human Well – Being: General Synthesis", Washington D. C.: Island Press, World Resources Institute, 2005.

② Burkhard B. , Kroll F. , Müller F. , et al. , "Landscapes' Capacities to Provide Ecosystem Services-a Concept for Land-cover Based Assessments", *Landscape Online*, Vol. 15, No. 1, 2009, pp. 1 – 12.

用方式，导致水源涵养能力下降，自然绿洲面积萎缩，生态安全水平大大降低，生态资本供给量显著下降。所以，"退耕还林（草）""草地禁牧"项目在通过改变土地利用类型，人为提高生态资本供给量。那么，为了研究不同土地利用模式对生态资本供给的不同影响，本书利用 Markov 模块计算和分析石羊河流域土地利用转移特征和空间分布情况。并且利用最小模糊度法、InVEST 模型模拟出不同土地利用情景下的生态资本供给量。

二 土地利用现状分析

土地是石羊河流域生态资本供给的载体，对土地开发利用是人类生存和发展的必要活动。不合理的土地开发带来了生态系统的格局转变，势必会造成生态系统服务下降，造成生态资本供给量降低。生态资本供给量评估和未来预测是建立在土地利用变化研究的基础之上，研究土地利用的时空变化，是理解生态资本供给过程的重要基础。石羊河流域作为甘肃省重要的农牧区，农业活动主要以畜牧业和种植业为主，畜牧业主要集中在上游祁连山区，种植业主要分布在中下游的绿洲。本小节基于 2000 年、2015 年两期土地利用遥感数据，将土地利用分为耕地、林地、低覆盖度草地、中覆盖度草地、高覆盖度草地以及其他土地利用类型，结合土地利用动态模型和 Markow 模块，从土地利用数量和空间结构维度对石羊河流域土地利用现状进行分析。第一，根据土地利用结构动态变化模型对 2000 年和 2015 年不同土地利用类型的动态度进行分析，得到 15 年间案例区土地利用变化规律。第二，从空间维度分析"退耕还林（草）"和"草地禁牧"工程实施后土地利用的动态度变化。第三，本书运用 Markow 模块，总结和分析石羊河流域土地利用转换特征和空间变化趋势。根据两期土地利用遥感数据，本书采用单一土地利用动态度方法获得 2000 年、2015 年石羊河流域土地利用变化程度，比较上、下游地区的土地利用变化差异，预测未来土地利用变化趋势。

$$K = \frac{U_a - U_b}{U_a} \times \frac{1}{T} \times 100\% \qquad (6-1-1)$$

公式（6-1-1）中，K 为研究阶段内某一土地利用类型的动态度，U_a 为某种土地利用类型的研究期初面积，U_b 为某种土地利用类型的研究期末面积，T 为时间跨度。一般情况下，T 的单位为年时，此时 K 值为某种土地利用类型的年均变化率。

三 土地利用的情景判别

以往研究中，土地利用适宜性判别是指土地类型与土地利用的匹配程度，可以理解为现在的土地利用类型是否会造成未来土地退化。在1984年多部委联合制定的《土地利用现状调查技术规程》中，明确了我国的土地利用采取两级分类。2002年，新修订《全国土地分类（试行）》按照土地用途分为12个一级分类，按照覆盖特征和利用类型分为57个二级分类。但是，现行土地利用分类中并没有列出生态用地类型。然而，保证生态用地不仅有助于遏制生态系统退化，而且能够提高土地供给的生态资本，更重要的是形成有利于生态资本供给的安全格局。此时，土地利用适宜性实质上是土地利用优化的过程，首先保证区域内具有重要的生态资本供给的土地，如：草地、林地等，至少能够维持生态系统安全的最低生态用地数量和合理空间分布。土地利用适宜性强调维持一定生态用地数量和空间分布对整体生态资本供给的贡献，这将在一定生态安全水平上最大限度地发挥土地的生态功能。简单来说，土地利用适宜性判别主要确定土地利用替换方式与生态补偿目标。

本书在充分掌握石羊河流域土地利用转换特征基础上，按照生态资本供给最大化原则对土地利用情景判别。为了更好地研究不同土地利用方式对生态资本供给的不同影响，本小节在第五章生态资本供给量评估的基础上，模拟出不同土地利用转换情境下生态资本供给差异，通过最小模糊度法，确定土地转换的适宜情景，为第七章生态资本补偿标准计算提供科学依据（土地适宜转换类型、面积和空间分布等数据）。

第二节 土地利用特征分析

一 土地利用特征

石羊河流域土地利用变化情况见表6-1。2000年、2015年，石羊河流域土地利用类型主要以耕地、林地、草地为主，变化呈现出耕地面积缩小，林地、草地和水域面积呈增加的趋势。具体来看，石羊河流域耕地面积减少15.96%，林地增加了21.8%，低覆盖度草地增加了20.28%，中覆盖度草地增加了19%，高覆盖度草地增加了121.06%，水域增加了245.14%，建设用地增加了5.83%，未利用土地减少了8.96%。

表6-1   2000—2015年各土地利用类型面积及比例

地类	2000年		2015年		变化	
	面积（万亩）	占比（%）	面积（万亩）	占比（%）	面积（万亩）	比例（%）
耕地	7570.93	18.62	6362.73	15.65	-1208.20	-15.96
林地	1840.71	4.53	2670.30	6.57	829.59	45.07
水域	42.56	0.10	146.88	0.36	104.32	245.14
建设用地	305.64	0.75	323.46	0.80	17.82	5.83
未利用土地	22228.86	54.68	20236.05	49.77	-1992.82	-8.96
低覆盖度草地	3993.60	9.82	4803.39	11.81	809.79	20.28
中覆盖草地	4129.59	10.16	4914.18	12.09	784.59	19.00
高覆盖草地	543.08	1.34	1200.51	2.95	657.43	121.06

资料来源：2000年和2015年石羊河土地利用数据。

根据公式（6-1-1）可以计算出石羊河流域2000年、2015年土地利用类型动态度，结果见图6-1。15年间，石羊河流域9类土地利用类型的动态度依次为（不计正负）：水域＞高覆盖度草地＞林地＞耕地＞低覆盖度草地＞中覆盖度草地＞未利用土地＞建设用地。可以看出，15年间，石羊河流域耕地和未利用土地类型的动态度呈负数，分别下降

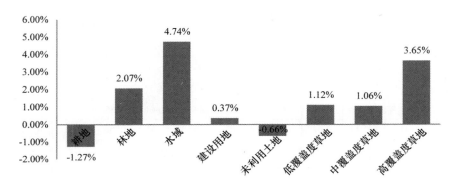

图 6 - 1　2000—2015 年石羊河流域土地利用变化动态度

1.27% 和 0.66%；林地、草地、水域、建设用地的动态度呈现正增长。根据两期土地利用遥感数据，发现石羊河流域受到国家"退耕还草（林）"等生态工程建设影响，耕地面积是呈现不断缩小趋势的，林地、草地面积呈显著上升趋势。

二　土地利用的转换矩阵分析

为了进一步掌握研究区土地利用类型转化规律，以更好地分析土地利用转换与生态资本供给之间的关系，本书在 Arcgis10.5 软件平台中，对 2000 年、2015 年石羊河流域土地利用遥感图像进行叠加分析。从土地利用类型的转移模式来看，主要集中在耕地、林地、草地、未利用土地之间转换。由表 6 - 2 可知，耕地主要转出类型是未利用土地、林地和草地，具体转出面积主要是耕地转换为未利用土地为 687.53 万亩，耕地转林地 117.57 万亩，耕地转低覆盖度草地、中覆盖度草地、高覆盖度草地分别为 219.17 万亩、352.69 万亩、58.39 万亩。林地主要转出类型为中覆盖度草地、高覆盖度草地和耕地，转出面积为 594.83 万亩、189.9 万亩、181.73 万亩。未利用土地主要转换为耕地、低覆盖度草地，分别转换了 758.34 万亩和 656.95 万亩。草地内部转换呈现出低覆盖度草地向中覆盖度草地之间转换趋势。值得注意的是，水域和建设用地并未发生较大规模的转换。

表 6 – 2 　　　　　　2000—2015 年石羊河流域土地利用类型转移矩阵　　　　　单位：万亩

地类	耕地	林地	水域	建设用地	未利用土地	低覆盖度草地	中覆盖度草地	高覆盖度草地	转出合计
耕地	4839.56	117.57	3.93	76.92	687.53	219.17	352.69	58.39	1516.20
林地	181.73	1554.61	0.96	2.30	62.06	81.37	594.83	189.90	1113.16
水域	8.73	0.76	28.31	0.45	72.97	26.51	7.85	0.45	117.73
建设用地	100.18	0.07	0.49	214.02	5.50	1.65	1.02	0.51	109.44
未利用土地	768.34	5.06	1.62	4.99	18623.99	656.95	146.91	1.54	1585.41
低覆盖度草地	543.11	6.89	3.72	2.53	1811.81	1930.53	497.59	5.60	2871.25
中覆盖度草地	973.52	73.02	2.80	3.92	884.35	1027.00	1861.90	83.47	3048.08
高覆盖度草地	154.31	80.43	0.71	0.51	56.12	42.81	662.04	202.81	996.93
转入总计	2729.93	283.80	14.23	91.62	3580.35	2055.47	2262.94	339.86	
净转出	-1213.73	829.36	103.50	17.82	-1994.94	815.78	785.14	657.08	

为了进一步分析石羊河流域土地利用转换的空间分布差异，本书基于石羊河流域两期土地利用分类遥感数据，利用 Arcgis10.5 的空间分析功能对土地利用图形进行空间叠加分析，获得 2000—2015 年石羊河流域不同土地类型间的变化趋势图。石羊河流域草地向林地、耕地转换的区域主要集中在上游天祝县、肃南县等区域。耕地向林地、草地转换的区域主要集中在中游永昌县、武威市等区域。未利用土地向草地、林地、耕地转换的区域主要集中在流域下游民勤县、金昌市等区域。石羊河流域土地利用转换在空间尺度存在的分异规律，主要是由国家正在实施的"退耕还林（草）"和"草地禁牧"工程引起的。

第三节　土地利用转换情景模拟

一　土地利用情景设置

生态资本具有价值和使用价值，其基础性的作用和地位决定了生态资本供给过程中"购买者"须向"供给者"支付一定的补偿。然而，生态资本供给周期长，涉及社会经济等方面因素，甚至在一些地方会暂时降低发展速度和农民收入。那么，在经济发展水平不高的区域，如何将生态资本的供给与土地使用者（农户）的生计决策相联系，协调生态资本的"购买者"和"供给者"的现实矛盾，平衡生态建设中各方的投入和收益，充分调动"供给者"的积极性，成为本书研究的关键所在。

由于石羊河流域存在的自然生态系统差异，导致上中下游形成不同土地利用景观格局。现实情况中，上游处于祁连山区，丰富的草地资源是石羊河流域的重要屏障，为国家生态安全起到不可替代的作用。上游大面积的草地资源，具有重要的水源涵养功能，同时天祝县、肃南县、古浪县的农户高度依赖生计资源。本书以流域水源涵养服务功能表征生态资本，上游草地生态系统对生态资本供给的能力主要体现在降雨的调节上，其主要功能包括冠层截留量、枯落层的持水能力和土壤需水量。截至目前，上游土地利用方式以山区畜牧业为主，农户草地资源的利用方式对草地生态系统产生较大影响。

石羊河流域中下游地区绿洲生态系统—绿洲—荒漠过渡带生态系统是一个荒漠、绿洲、水域、人居生态系统共同组成的巨系统。绿洲是在荒漠大背景下依赖于石羊河而形成的，在空间上呈相对孤立的斑块分布，具有较高的生产力，主要的农业活动以种植业和畜牧业为主。近年来，中下游的耕地大量挤占生态用水，严重威胁到流域生态系统安全，势必会造成整个流域生态资本供给量下降。

鉴于石羊河流域上中下游客观存在的生态自然过程差异，本书围绕生态资本补偿研究框架，从空间分布出发，对石羊河流域上游和中下游进行土地利用转换情景进行模拟，即石羊河流域上游土地利用设计了中低覆盖度草地向高覆盖度草地转换，即草地禁牧情景；石羊河中下游地区由于坡度较小，耕地沙化现象严重，本书拟采取让退化的耕地转化为林地或者草地，即退耕还林情景和退耕还草情景。由于石羊河下游降雨较少，蒸发强烈，其草地主要为低覆盖度草地，那么本书中的退耕还草，也是耕地转化为低覆盖度草地。总结起来，由于石羊河流域上中下游的地理区位、自然气候以及社会经济差异，本书设计了四种土地利用情景：

情景1：2015年石羊河流域土地利用现状（转换基准）

情景2：草地禁牧情景（将中低覆盖度草地向高覆盖度草地转换）

情景3：退耕还林情景（将耕地向林地转换）

情景4：退耕还草情景（将耕地向低覆盖度草地转换）

在以上 4 种情景设置中，仅仅改变石羊河流域土地覆被类型，而不改变其他数据。

为了统一标准，本书对 4 种土地利用覆被类型情景下的生态资本供给量进行对比分析，并且根据功能重要性对生态资本供给量进行分级。分别计算了 4 种土地利用情景下生态资本供给量与单元平均生态资本供给能力。

二　模拟不同土地利用情景下生态资本供给量

人类是土地表面最重要的利用主体，通过生产行为改变土地利用覆被，复杂自然生态系统转变到简单人工或者半人工生态系统。主要体现在以下方面：土地利用景观格局发生了变化，土壤内部自然组织发生了变化、物质循环路径改变、生境破碎度发生了变化。对于石羊河来说，本书所设置的三种土地利用情景都是在生态安全前提条件下，为了保证生态用地而实现生态资本最大化而设置的。

上一小节中，根据石羊河流域客观的自然地理现状，设置了三种土地利用情景。由于不同的土地利用类型，其土壤流速系数也不同，这就需要重新定义 InVEST 模型输入单元，主要包括重分类土地利用、土壤流速系数。最终结果如表 6-3 所示。不同的土地利用情景下，石羊河流域生态资本供给量存在明显差异。从生态资本供给量来看，退耕还林 > 退耕还草 > 草地禁牧 > 维持现状。从生态资本价值量来看，在退耕还林情景下，石羊河流域生态资本供给量增加到 59.68×10^8 元，此时是将土地覆被类型的耕地全部转换为林地。在退耕还草情景下，石羊河流域生态资本价值量增加到 56.58×10^8 元，此时将耕地转换为低覆盖度草地。考虑到石羊河流域上游主要以草地为类型的实际情况，本书假设将低、中覆盖度的草地转换为高覆盖度草地，这种转换就需要上游地区实施禁牧还草政策，那么此种情景下，石羊河流域生态资本价值量增加到 48.99×10^8 元。

那么，从以上土地利用情景可以看出，草地禁牧、退耕还林、退耕还草等方式都有助于提高石羊河流域生态资本供给量，尤其"退耕还林"更为明显。

表 6 – 3　　　　　石羊河流域不同土地情景下的生态资本供给量模拟

供给量	情景 1 2015 年现状	情景 2 草地禁牧	情景 3 退耕还林	情景 4 退耕还草
单元生态资本供给量（mm）	17.80	19.47	23.71	22.47
生态资本供给量（$\times 10^8 m^3$）	7.33	8.01	9.77	9.25
生态资本供给量价值（$\times 10^8$元）	44.79	48.99	59.68	56.58

三　适宜土地利用情景判别

上一小节中，本书为了实现生态资本最大化目标，设置了三种土地利用情景，禁牧还草、退耕还林、退耕还草情景都能实现生态资本供给量增加的目的。但是，本书使用 Arcgis10.5 空间叠置分析后发现，三种土地情景对生态资本供给量的影响并非是相同的。本书发现，退耕还林情景最有助于提高生态资本供给量，其次是退耕还草和草地禁牧情景。一般情况下，实施退耕还林对生态资本增加具有显著的作用，且高于退耕还草和草地禁牧，这种情况下可以看作"适宜退耕还林区域"；而一些区域，实施退耕还草对增加生态资本具有显著作用，本书将这些区域视作为"适宜退耕还草区域"。还有部分区域，实施草地禁牧能够显著增加生态资本，并且高于其他土地利用情景，故把这些区域定义为"适宜草地禁牧区域"。然而，石羊河流域其他区域中，无论对该区域采取草地禁牧、退耕还林、退耕还草，对生态资本增加并没有明显的提升，故本书将这些区域称之为"保留区域"。

据此，从三种土地利用情景来看，"草地禁牧""退耕还林""退耕还草"类型的概念在本质具有一定的模糊性，三种土地利用转换情景对提升生态资本供给的能力是存在一定的重叠的，部分区域可能适合"草地禁牧"情景，也同时适合"退耕还林"或者"退耕还草"情景，这种重叠造成生态资本补偿目标和对象的模糊性。因此，本小结需要解决的一个核心问题是生态资本补偿的空间范围和对象。如何确定每个区域最佳适宜的土地利用转换情景，计算每种土地利用情景的隶属函数。本书借用 Matlab17a 软件，通过最小模糊度方法，得到三种土地利用情景的隶属函数区间值，从而确定每种土地利用情景类型的分类条件。

简单来说，本书在 Arcgis10.5 的 Spatial analysis 模块中的 Raster calculate 功能，分别对情景 2 与情景 1 进行栅格计算，情景 3 与情景 1 进行栅格计算，情景 4 与情景 1 进行栅格计算，在结果中分别选取 40 个样点，并将情景 1、2、3、4 的栅格计算结果作为判断其所属类别的先验知识，40 个样本点的选取均匀分布在石羊河上中下游区域。

表 6 - 4   石羊河流域生态资本供给量的差异值统计表

类型	情景 3 与情景 1 的单元生态资本供给差值
保留耕地 A	2.79、5.45、5.2、5.94、5.72、3.56、8.75、10.77
退耕还草 B	17.23、18.67、17.16、15.37、22.18、20.11、5.34、11.98
草地禁牧 C	29.28、37.77、31.71、28.7、68.56、27.95、26.13、30.11、45.67
退耕还林 D	43.47、73.58、27.3、38.92、49.34、48.49、100.86、125.62、58.49

从统计学角度出发，样本均值能够反映总体样本的平均特征，表示一组数据的集中趋势的量数，若一个数值偏离均值越大，其所反映的数据偏离样本的平均特征越大。从本书第五章第三节的研究结果来看，不同土地提供的生态资本供给量是存在明显差异的，其中林地最高。于是，本书将差距最大的退耕还林情景与现状情景的生态资本供给量差值来描

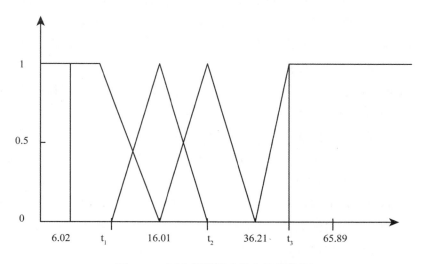

图 6 - 2   四个模糊概念的隶属函数图

述土地像元适合"退耕还林""退耕还草""草地禁牧""保留耕地"这4个模糊概念。

设论域 $X = \{x_1, x_2 \cdots x_3\} = \{2.79, 5.45 \cdots 125.62\}$，表示保留耕地、保留草地、草地禁牧、退耕还草、退耕还林这5个模糊概念的模糊集分别为 A，B，C，D，E，选择模糊熵作为模糊度的度量，则可以建立以下模型：

$$\min H(A,B,C,D,E) = \frac{1}{36\ln 2} \sum_{i=1}^{36} \{s[A(x_i)] + s[B(x_i)] +$$
$$[C(x_i)] + [D(x_i)] + [E(x_i)] \qquad (6-3-1)$$

样点生态资本供给能力对保留耕地的隶属函数：

$$A(x) = \begin{cases} 1, x \leq t_1 \\ \dfrac{16.01 - x}{16.01 - t_1}, t_1 < x \leq 16.01 \\ 0, others \end{cases} \qquad (6-3-2)$$

样点生态资本供给能力对退耕还草的隶属函数：

$$B(x) = \begin{cases} \dfrac{x - t_1}{16.01 - t_1}, t_1 < x \leq 16.01 \\ \dfrac{t_2 - x}{t_2 - 16.01}, 16.01 < x \leq t_2 \\ 0, others \end{cases} \qquad (6-3-3)$$

样点生态资本供给能力对退耕还草的隶属函数：

$$C(x) = \begin{cases} \dfrac{x - t_2}{36.21 - t_2}, t_2 < x \leq 36.21 \\ \dfrac{t_3 - x}{t_3 - 36.21}, 36.21 < x \leq t_3 \\ 0, others \end{cases} \quad (6-3-4)$$

样点生态资本供给能力对退耕还林的隶属函数：

$$D(x) = \begin{cases} 1, t_3 < x \\ \dfrac{x - t_3}{t_3 - 36.21}, 36.21 < x \leq t_3 \\ 0, x < 36.21 \end{cases} \quad (6-3-5)$$

其中：

$$s(x) = \begin{cases} -x\ln x - (1-x)\ln(1-x), x \in (0,1) \\ 0, x = 1 \text{ 或 } x = 0 \end{cases} \quad (6-3-6)$$

求解上述模型，本书运用 Matlab17a 中全局优化工具箱（Matlab Global Optimization Toolbox），对模型展开分析，求解出 $T_1 = 11.98$、$T_2 = 30.11$、$T_3 = 59.97$，得到描述模糊概念"保留耕地""退耕还草""草地禁牧""退耕还林"模糊函数的隶属集，如图 6-3 所示。

基于最小模糊度得到的分类条件，能够模拟出石羊河流域不同区域适宜的土地利用转换情景，这种情景的假设前提来自两个方面：一方面来自生态资本供给量最大；另一方面符合流域自然地理条件，例如降雨、蒸发、地形等因素。那么，通过最小模糊度可以推导出，本书假设的4种土地利用转换情景在研究区的最佳空间分布。

基于最小模糊度方法，可以明确判定研究区最佳土地利用情景分布区域。从行政区域来看（见表 6-5）：

永昌县不适宜转换的面积为 2645.04 万亩，适宜维持现状区域的面积为 2422.22 万亩，适宜退耕还草的面积为 1226.56 万亩，适宜草地禁牧的

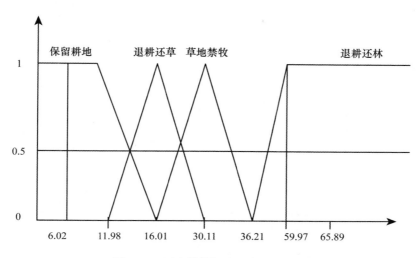

图 6-3　四个模糊概念的隶属函数图

面积为 207.83 万亩，适宜退耕还林的面积为 13.16 万亩。

古浪县中，适宜退耕还草区域面积 1453.25 万亩，适宜草地禁牧区域的面积为 417.71 万亩，适宜退耕还林的面积 13.05 万亩。

在金昌市中，适宜退耕还草和草地禁牧的面积为 16.34 万亩和 2.31 万亩。

在民勤县中，适宜退耕还草的面积为 197.14 万亩，大部分土地为不适宜转换土地和适宜维持现状的土地类型。

在肃南县中，适宜退耕还草的面积为 1177.86 万亩，适宜草地禁牧的面积为 832.65 万亩，适宜退耕还草的面积为 393.14 万亩。

在天祝县，适宜退耕还草的面积为 983.69 万亩，适宜草地禁牧的面积为 739.97 万亩，适宜退耕还林的面积为 716.47 万亩。

在武威市中，适宜退耕还草的面积为 1429.26 万亩，适宜草地禁牧的面积为 203.71 万亩，适宜退耕还林的面积为 7.13 万亩。

从适宜退耕还草的面积来看，依次为：古浪县＞武威市＞永昌县＞肃南县＞天祝县＞民勤县＞金昌市。从适宜草地禁牧区域来看，依次为：肃南县＞天祝县＞古浪县＞永昌县＞武威市＞金昌市。从适宜退耕还林的面积来看，依次为：天祝县＞肃南县＞永昌县＞古浪县＞武威市。

表6-5 石羊河适宜土地利用转换情景

区域	土地利用转换情景	栅格数量（个）	面积（万亩）	占比（%）
永昌县	不适宜转换区域	366709	2645.04	40.60
	适宜维持现状区域	335817	2422.22	37.18
	适宜退耕还草区域	170050	1226.56	18.83
	适宜草地禁牧区域	28814	207.83	3.19
	适宜退耕还林区域	1825	13.16	0.20
古浪县	不适宜转换区域	211765	1527.45	31.30
	适宜维持现状区域	203707	1469.32	30.10
	适宜退耕还草区域	201478	1453.25	29.77
	适宜草地禁牧区域	57911	417.71	8.56
	适宜退耕还林区域	1809	13.05	0.27
金昌市	不适宜转换区域	102129	736.65	67.39
	适宜维持现状区域	46836	337.82	30.90
	适宜退耕还草区域	2265	16.34	1.49
	适宜草地禁牧区域	320	2.31	0.21
	适宜退耕还林区域	—	—	0.00
民勤县	不适宜转换区域	2065432	14897.81	87.29
	适宜维持现状区域	273431	1972.24	11.56
	适宜退耕还草区域	27332	197.14	1.16
	适宜草地禁牧区域	—	—	0.00
	适宜退耕还林区域	—	—	0.00
肃南县	不适宜转换区域	57059	411.56	11.85
	适宜维持现状区域	91213	657.91	18.94
	适宜退耕还草区域	163298	1177.86	33.91
	适宜草地禁牧区域	115438	832.65	23.97
	适宜退耕还林区域	54505	393.14	11.32
天祝县	不适宜转换区域	42815	308.82	8.73
	适宜维持现状区域	109586	790.44	22.33
	适宜退耕还草区域	136379	983.69	27.79
	适宜草地禁牧区域	102589	739.97	20.91
	适宜退耕还林区域	99331	716.47	20.24

续表

区域	土地利用转换情景	栅格数量（个）	面积（万亩）	占比（%）
武威市	不适宜转换区域	250420	1806.26	36.18
	适宜维持现状区域	214372	1546.25	30.97
	适宜退耕还草区域	198153	1429.26	28.63
	适宜草地禁牧区域	28242	203.71	4.08
	适宜退耕还林区域	989	7.13	0.14
合计	不适宜转换区域	3101533	21367.31	51.41
	适宜维持现状区域	1275767	10040.44	24.16
	适宜退耕还草区域	898581	6587.57	15.85
	适宜草地禁牧区域	333651	2455.33	5.91
	适宜退耕还林区域	158531	1110.36	2.67

从适宜土地情景空间分布来看，适宜维持现状的区域主要分布在石羊河流域下游，该区域降雨稀少，蒸发量大，单元生态资本供给量小，退耕还草、草地禁牧、退耕还林措施，对实现生态资本供给量增加的贡献并不明显，并且该部分区域是石羊河流域经济社会发展的重要载体，人口稠密，农业生产相对发达，故此区域适宜维持现状，不宜展开大规模土地转换区域。适宜退耕还草、草地禁牧、退耕还林的区域主要分布在石羊河流域上游天祝县、肃南县、古浪县等境内，但是这部分区域对提升生态资本供给量有一定空间，考虑到不同土地利用转换存在的成本，可以将整个石羊河流域视为全部退耕还林或者退耕还草、草地禁牧区域，故本研究基于石羊河流域自然地理概况，借助最小模糊度方法，发现石羊河流域适宜退耕还林和退耕还草的地区主要分布在南部海拔较高区域，适宜草地禁牧区域分布在山前过渡带区域。

第四节 本章小结

本章主要论述了土地利用与生态资本的关系，涵盖理论层面土地适宜性判别与生态资本供给的关系界定，并构建模型模拟土地利用转换情景与生态资本供给量，为后文生态资本补偿标准计算提供可靠的数据支撑。

从 2000 年到 2015 年，石羊河流域土地利用类型主要以耕地、林地、草地为主，其间变化情况主要呈现出耕地面积缩小，林地、草地和水域面积增加趋势。具体来看，石羊河流域耕地面积减少 15.96%，林地增加了 21.8%，低覆盖度草地增加了 20.28%，中覆盖度草地增加了 19%，高覆盖度草地增加了 121.06%，水域增加了 245.14%，建设用地增加了 5.83%，未利用土地减少了 8.96%。15 年间，石羊河流域土地利用类型的转移模式主要集中在耕地、林地、草地、未利用土地之间转换。耕地主要转出类型是未利用土地、林地和草地，具体转出面积主要是耕地转换为未利用土地 687.5 万亩，耕地转林地 117.57 万亩，耕地转低覆盖度草地、中覆盖度草地、高覆盖度草地分别为 219.17 万亩、352.69 万亩、58.39 万亩。林地主要转出类型为中覆盖度草地、高覆盖度草地和耕地，转出面积为 594.83 万亩、189.9 万亩、181.73 万亩。未利用土地主要转换为耕地、低覆盖度草地，分别转换了 758.34 万亩和 656.95 万亩。草地内部转换呈现出低覆盖度草地与中覆盖度草地之间转换。值得注意的是，水域和建设用地并未发生较大规模的土地利用转换。

不同的土地利用情景下，石羊河流域生态资本供给量存在明显差异。从生态资本供给量来看，退耕还林 > 退耕还草 > 草地禁牧 > 维持现状。从生态资本价值量来看，在退耕还林、退耕还草、草地禁牧情景下，石羊河流域生态资本价值总量增加到 59.68×10^8 元/年、56.58×10^8 元/年、48.99×10^8 元/年。那么，从以上土地利用情景可以看出，草地禁牧、退耕还林、退耕还草方式都是有助于提高石羊河流域生态资本供给量，上游退耕还林工程尤为显著。

本书运用 Matlab17a 中的全局优化工具箱（Matlab Global Optimization Toolbox），对模型展开分析，求解出 $T_1 = 11.98$、$T_2 = 30.11$、$T_3 = 59.97$，得到描述模糊概念"保留耕地""退耕还草""草地禁牧""退耕还林"模糊函数的隶属集，通过最小模糊度的分类条件，可以确定石羊河流域土地利用转换的适宜情景。石羊河流域适宜退耕还草区域 6587.57 万亩、适宜草地禁牧区域 2455.33 万亩、适宜退耕还林区域 1110.36 万亩。从适宜土地情景空间分布来看，适宜维持现状的区域主要分布在石羊河流域下游。适宜退耕还草、草地禁牧、退耕还林区域主要分布在石羊河流域上游天祝县、肃南县、古浪县等境内，但是这部分区域对提升生态资本供给量具有一定空间。

第 七 章

不同情景下生态资本补偿的标准计算

第一节 确定生态资本补偿标准的思路

从生态系统服务角度出发，在区域尺度上的土地利用对生态资本供给具有非常关键的作用[1][2]。国外 Kremen[3] 和 Verberg（2009）[4] 等学者从人类对土地利用角度出发，强调生态系统服务与土地利用之间的紧密关系，注重土地利用管理—生态过程—生态系统服务产出之间的关系。在第七章中已经从土地利用转换角度证明了不同土地利用情景与生态资本供给量存在紧密的关系，并且得到了土地利用的适宜情景。那么，如何引导土地使用者向有利于生态资本供给量增加的方向转变，此时理解土地使用者的人文过程对生态资本供给具有重要意义。石羊河流域上游牧户、中下游的农户是土地资源的"管理者"，也是生态资本的潜在"供给者"。例如：石羊河流域上游牧户放弃原有草地利用方式，下游农户积极

① Ceschia E. , Béziat P. , Dejoux J. F. , et al. , "Management Effects on Net Ecosystem Carbon and GHG Budgets at European Crop Sites", *Agriculture*, *Ecosystems & Environment*, Vol. 139, No. 3, 2010, pp. 363 – 383.

② Otieno M. , Woodcock B. A. , Wilby A. , et al. , "Local Management and Landscape Drivers of Pollination and Biological Control Services in a Kenyan Agro-ecosystem", *Biological Conservation*, Vol. 144, No. 10, 2011, pp. 2424 – 2431.

③ Kremen C. , M. Williams N. , Aizen M. , et al. , "Pollination and Other Ecosystem Services Produced by Mobile Organisms: A Conceptual Framework for the Effects of Land-use Change", *Ecology Letters*, Vol. 10, 2007, pp. 299 – 314.

④ Verburg P. H. , van de Steeg J. , Veldkamp A. , et al. , "From Land Cover Change to Land Function Dynamics: A Major Challenge to Improve Land Characterization", *Journal of Environmental Management*, Vol. 90, No. 3, 2009, pp. 1327 – 1335.

响应国家正在实施的退耕还草、退耕还林等政策，土地使用者将土地利用方式转向更有利于资本供给的草地禁牧方式，增加流域生态资本供给量。如此来看，每块土地上都有自然和经济社会资源，土地使用者利用这些可以支配的资源，维持自我生计和提供生态资本。假设，如果石羊河流域没有实施影响土地利用者作出决策动机的政策，证据表明①大多数土地使用者会以增大自我福利为目标的土地利用决策。那么，如果要实现石羊河流域生态资本供给量增加，就有必要通过土地利用转换工程，减少草地上的牲畜数量，将低覆盖度草地转向高覆盖度草地，通过退耕还林（草）工程，将耕地转向草地和林地，能够提高生态资本供给量。然而，土地利用方式转换必然带来的是土地使用者的家庭收入的下降，虽然这种方式实现了生态资本供给量的增加，但对土地使用者而言则是成本上升和收益下降。由此得出，土地使用者在土地生产的获益是动态变化的，其投入土地生产的成本也随之变化的。那么，从国家整体生态功能角度出发，借助土地管理手段增加生态资本供给量，对实现生态资本保值和增值的作用不可忽视。从市场交易角度出发，若要改变土地使用者策略，需要为土地使用者提供一定的补偿激励政策，使其转变土地利用方式，增加生态资本供给量。

　　本章主要分析石羊河流域土地利用转换与生态资本补偿。上游地区主要以牧户放牧为主，主要生态问题是草地过度放牧导致水源涵养量下降，造成生态资本供给下降。中下游主要以种植业和畜牧业为主，主要生态问题是人类不合理生产活动造成的土地退化严重，农业用水大量挤占生态用水造成的生态系统受损严重，导致单位土地产出的生态资本供给下降。那么，本章主要通过调查问卷方式对农户的土地机会成本展开调查，采用最小数据方法，借用 Matlab2017a 软件将土地利用者的土地决策与生态资本供给相联系，以此来刻画补偿价格与生态资本供给量之间的紧密联系。

---

① 史培军：《土地利用/覆盖变化与生态安全响应机制》，科学出版社 2004 年版。

第二节　研究方法与数据来源

一　最小数据方法

2006 年，美国俄勒冈州立大学科瓦利斯分校的 Antle 和 Valdivia 首次将最小数据方法运用到土地固碳服务评估中[①]，取得较好的研究效果。最小数据方法在充分考虑到土地决策者的理性经济人特征的基础上，通过获得被补偿人的土地利用转换的机会成本，选择一个能将土地决策者的机会成本和生态系统服务联系起来的中介变量，得到生态资本供给的机会成本空间分布，精确地计算出农户获得补偿的价格。最小数据方法受到国内外学术界和管理界的追捧，在水源涵养功能保护[②]、补偿优先度判别[③]等领域得到了广泛的应用，取得了一些可靠成功的经验。

石羊河上游位于祁连山自然保护区，是流域最为重要的水源涵养地，也是重要的生态资本供给区，主要土地利用类型为林地和草地。中下游被沙漠所包围，防风固沙，为维护生态安全提供必要的屏障。根据第六章对土地利用转换的适宜情景设置结论，结合最小数据方法，模拟草地和耕地转换情景下生态资本供给曲线。

（一）草地转换基础假设

1. 假设 1

考虑到石羊河流域草地上农户在某一地理空间上存在两种土地利用决策 a 和 b 的简单模型，土地利用决策可以是放牧经济活动，也可以是禁牧保护活动。

当农户将土地用作放牧时，用 0 单位面积草地（S）提供生态资本供给量；

---

① Antle J., Valdivia R., "Modelling the Supply of Ecosystem Services from Agriculture: A Minimum-data Approach", *Australian Journal of Agricultural and Resource Economics*, Vol. 50, 2006, pp. 1 – 15.

② Immerzeel W., Stoorvogel J., Antle J., "Can Payments for Ecosystem Services Secure the Water Tower of Tibet?", *Agricultural Systems*, Vol. 96, No. 1, 2008, pp. 52 – 63.

③ 宗鑫：《青藏高原东部草原生态建设补偿区域的优先级判别研究——以玛曲县、若尔盖县、红原县、阿坝县为例》，中国经济出版社 2016 年版。

当农户将土地用作禁牧时，用 e 单位表示单位面积草地（S）提供的生态资本供给量。

e 为草地（S）用于草地禁牧后，单位面积禁牧草地所提供的生态资本所能达到的预期目标，主要是考虑到草地禁牧后草地所能提供的生态资本的变化情况。

2. 假设 2：没有补偿

假设农户不管选在将草地用作放牧（a），还是用作禁牧（b），农户的最终目标就是达到家庭收入最大化，可以用 $v = (p, s, z)$ 表示农户在单位面积草地（s）期望得到的收益。其中，p 表示农户草地利用产出的价格参数，$z = (a, b)$。当农户将草地用作放牧时（a），用 $v(p, s, a)$ 表示农户对单位面积草地（s）的期望收益。

当农户将草地用作禁牧时（b），用 $v(p, s, b)$ 表示农户在单位面积草地（s）的期望收益。

本书假设石羊河流域上游农户在草地决策由放牧（a）向禁牧（b）的转换成本为 0。可以用 $w(p, s)$ 表示单位面积禁牧草地（s）的机会成本。

此时就会存在两种情景：

情景 1：农户选择禁牧（b）期望收益小于放牧（a）：

$w(p, s) = v(p, s, a) - v(p, s, b) \geq 0$，此种情景下，农户就会选择放牧（$a$）方式，实现个人利益最大化。

情景 2：农户将草地用作放牧（b）的期望收益小于禁牧（a）：

$w(p, s) = v(p, s, a) - v(p, s, b) < 0$，此种情景下，农户就会选择将草地用作禁牧（$b$）。在生态资本补偿中，获取农户草地利用决策由放牧向禁牧转换的机会成本 $w(p, s)$ 尤为关键。本书通过问卷调查方法对研究区上游农户家庭进行调查获取草地转换成本数据。据此，可以用 $r(p)$ 表示农户将草地（s）用于禁牧（b）的比例，也就可以用 $s(p)$ 表示 $r(p)$ 下，农户将草地用作禁牧后提供的生态资本供给量。

$$r(p) = \int_{-\infty}^{0} \varphi(w) d_w, 0 \leq r(p) \leq 1 \qquad (7-2-1)$$

$$s(p) = r(p) \times H \times e \qquad (7-2-2)$$

公式（7-2-2）中，草地利用产出价格（p）的函数是概率密度函数 $\varphi(w)$。牧户草地利用产出价格参数（p）也可以用禁牧比例 $r(p)$ 表示。其中，H 表示草地（s）面积。

3. 假设3：实施补偿

国家向农户提供补偿，激励农户将草地由放牧（a）向禁牧（b）转换，旨在同等自然条件下提高草地植被覆盖度，增加水源涵养量，提高生态资本供给量。

当农户将草地用作放牧时（a），用 $v(p, s, a)$ 表示牧户对单位面积草地（s）的期望收益。

当农户将草地用作禁牧时（b），用 $v(p, s, b) + ep_e$ 表示农户对单位面积草地（s）的期望收益。农户将草地用作禁牧（b）时，单位面积草地禁牧后的生态资本供给量可以用 p_e 表示。

根据上述假设2，实施生态补偿情况下也存在两种情景：

情景1：农户将草地用作禁牧（b），单位面积草地获得的生态补偿额小于单位面积机会成本，即 $p_e < (w/e)$，则存在 $w = v(p, s, a) - v(p, s, b) \geq ep_e$。此时，农户是不愿意将草地用作禁牧的（$b$），但仍然可用 $S(p)$ 表示草地提供生态资本供给量。

牧户情景2：农户将草地用作禁牧（b），单位面积草地获得的生态资本补偿额大于单位面积机会成本，即 $p_e > (w/e)$，则存在 $w = v(p, s, a) - v(p, s, b) < ep_e$。此时，农户是愿意将草地用作禁牧的（$b$）。

当（w/e）由0到 p_e，便可以用 $r(p, p_e)$ 表示农户将草地由放牧（a）向禁牧（b）转换的比例。此时，可用 $S(p, p_e)$ 表示在 $r(p, p_e)$ 下，草地能够提供的生态资本供给量的机会成本。

$$r(p, p_e) = \int_0^{p_e} \varphi\left(\frac{w}{e}\right) d_{\left(\frac{w}{e}\right)} \qquad (7-2-3)$$

$$r(p, p_e) = S(P) + S(P_e) = r(p) \times H \times e + r(p, p_e) \times H \times e$$

$$S(P_e) = r(p, p_e) \times H \times e \qquad (7-2-4)$$

当农户将草地用作禁牧（b）时，如果能够明确草地提供的生态资本和农户草地转换的机会成本，也就可以计算对农户进行补偿的单位面积草地提供生态资本供给目标的补偿价格（p_e）。

（二）耕地转换基础假设

1. 假设 1

石羊河中下游土地利用方式多以耕地为主，生产单元为家庭小农户。大多数农户在耕地利用转换决策中面临两种选择：继续耕种（c）或者退耕还林（还草）（d），则最小数据方法需要确定的耕地转换方式主要为退耕还林（草）。

当农户将耕地用于继续耕种时，用 0 单位面积耕地（S）提供生态资本供给量；当农户将耕地用于退耕还林（草）时，用 e 单位表示单位面积耕地（S）提供的生态资本供给量。e 所表示的耕地（L）用于退耕还林（草）之后，单位面积耕地所提供的生态资本所能达到的目标。因为考虑的是耕地转换后耕地所能产出的生态资本供给量的变化情况。

2. 假设 2：没有补偿

从耕地角度来说，每块耕地的利用方式可以是生产活动，也可以用于生态建设，无论何种利用方式，只要耕地能够产生价值。那么，从耕地收益角度出发，每个时期的土地利用决策都是基于预期收益的最大化值 $v(p, s, z)$，其中 p 为耕地上的农产品价格，s 为地块，$z = (c, d)$ 表示耕地上的生产活动。同理，参照上一节草地转换过程中假设调整成本为 0，基于上述假设，若 $\omega(p, s) = v(p, s, c) - v(p, s, d) \geq 0$，则农户会出于自身利益最大化，选择继续耕种土地（$c$）。

此时就会存在两种情景：

情景 1：农户选择退耕还林（草）（d）期望收益小于继续耕种（c）：$w(p, s) = v(p, s, c) - v(p, s, d) \geq 0$，此种情景下，农户就会选择耕种（$a$）实现利益最大化。

情景 2：农户选择继续耕种（c）期望收益小于退耕还林（草）（d）：$w(p, s) = v(p, s, c) - v(p, s, d) < 0$，此种情景下，农户就会选择退耕还林（草）（$b$）。

在生态资本补偿中，为了获取农户的机会成本 $w(p, s)$，即农户耕地利用决策由继续耕地向退耕还林（草）转换的机会成本，本书选择问卷调查方法对研究区农户进行家庭调查获取。据此，论文可以用 $r(p)$ 表示农户在耕地（s）上用于退耕还林（草）（b）的比例，也就可以用 $s(p)$ 表示 $r(p)$ 下，农户选择退耕还林（草）方式能够提供的生态资本供给量。

$$r(p) = \int_{-\infty}^{0} \varphi(w)d_w, 0 \leqslant r(p) \leqslant 1 \qquad (7-2-5)$$

$$s（p）= r（p）\times H \times e \qquad (7-2-6)$$

公式（7-2-5）中，耕地利用产出价格（p）的函数是概率密度函数 $\varphi(w)$。农户耕地利用产出价格参数（p）也可以用退耕还林（草）比例 $r(p)$ 表示。其中，H 表示耕地面积（L）。

3. 假设3：实施补偿

国家向土地使用者提供补偿，鼓励农户由继续耕地（c）向退耕还林（d）转换，旨在同等自然条件下，提高林草覆盖度，一方面，可以增加耕地的水源涵养量；另一方面，降低耕地对水源涵养量的消耗，实现生态资本保值和增值。

当农户选择继续耕地决策的时候（c），用 $v(p, s, c)$ 表示农户期望在单位面积耕地（L）上得到的收益。

当农户选择退耕还林（草）决策时候（d），用 $v(p, s, d) + ep_e$ 表示农户期望在单位面积耕地（s）上得到的收益。其中，对于耕地选择退耕还林（草）（d）进行补偿的单位面积耕地退耕还林（草）生态资本可以用 p_e 表示。

根据上述假设2，实施生态补偿情况下也存在两种情景：

情景1：农户选择实施退耕还林（草）（d），补偿的单位面积耕地提供的生态资本小于单位面积机会成本，即 $p_e < (w/e)$，则存在 $w = v(p, s, c) - v(p, s, d) \geqslant ep_e$。此时，农户是不愿意选择退耕还林（草）（$d$）方式的，但是仍然可以用 $S(p)$ 表示耕地的生态资本供给目标。

情景2：农户选择退耕还林（草）（d），补偿单位面积耕地提供的生态资本价值大于单位面积机会成本，即 $p_e > (w/e)$，则存在 $w = v(p, s,$

c）$-v(p, s, d) < ep_e$。此时，农户是愿意选择退耕还林（草）（d）方式的。

当（w/e）由 0 到 p_e，便可以用 $r(p, p_e)$ 表示土地由继续耕种（c）向退耕还林（草）（d）的转换比例。此时，就可用 $S(p, p_e)$ 表示在 $r(p, p_e)$ 下，耕地能够提供的生态资本供给量的机会成本。

$$r(p, p_e) = \int_0^{p_e} \varphi\left(\frac{w}{e}\right) d(\tfrac{w}{e}) \qquad (7-2-7)$$

$$S(p, p_e) = S(p) + S(p_e) \qquad (7-2-8)$$

$$= r(p) \times H \times e + r(p, p_e) \times H \times e \qquad (7-2-9)$$

$$S(p_e) = r(p, p_e) \times H \times e \qquad (7-2-10)$$

当农户将耕地选择退耕还林（草）（d）时，在明确耕地提供的生态资本供给量和耕地转换机会成本，也就可以计算对农户进行补偿的单位面积耕地提供生态资本供给目标的补偿价格（p_e）。

二 生态资本供给量确定

石羊河流域发源于南部祁连山山区，由 8 条主要支流汇合，径流出祁连山后，部分径流转化为地下水，至山前地带又以泉水形式溢出地表，流经武威市凉州区，消失在民勤县青土湖境内。从南到北，流域全长 300km。由于石羊河流域全年降水量在空间的分布极不均匀，全流域最大年降雨量为 681.4mm，发生在天祝藏族自治县境内的马家台站，最小年降雨量为 108.8mm，发生在民勤县境内昌宁站，南北降雨量差距在 572.6mm。在第五章，本研究搜集遥感数据和第一手调查资料、运用 In-VEST 模型模拟了 2000 年和 2015 年石羊河流域生态资本供给量变化和空间格局变动。在此基础上，根据第六章内容，本书根据石羊河流域降雨量在南北空间的差异，设置了四种土地利用转换情景，即维持现状情景、草地禁牧情景、退耕还林情景、退耕还草情景。本书根据第五章、第六章的基本结论，以此确定不同土地利用情景下生态资本供给量，并且选取草地禁牧情景、退耕还林情景、退耕还草情景与 2015 年现状情景差值表征新增量来表征生态资本供给量变化。

表7-1　　　石羊河流域不同土地利用情景与生态资本供给量变化

生态资本供给量	情景1 2015年现状	情景2 草地禁牧	情景3 退耕还林	情景4 退耕还草
单元生态资本供给能力（mm）	17.80	19.47	23.71	22.47
生态资本供给量（$\times 10^8 m^3$）	7.33	8.01	9.77	9.25
生态资本供给量价值（$\times 10^8$元）	44.79	48.99	59.68	56.58

三　数据来源与处理

石羊河上下游之间的地理和经济社会的差异性较大，本书将农户机会成本调查分为上游草原牧户和中下游农户。上游天祝县、肃南县大部分地区属于无人居住的冰川和草地区域，中下游古浪县、永昌县、民勤县、武威市、金昌市大部分地区属于荒漠区域，本书对土地成本和收益调查只涉及在此区域的人类活动频繁并且经济社会较为发达的村庄，共涉及19个村。调查时间分为2014年7月、2016年10月、2017年5月20日至6月2日、2018年7月5日至7月18日对武威市、永昌县、民勤县、古浪县、金昌市展开调查，2019年5月13日至5月20日对天祝县和肃南县展开调查；以村为调查单元，发放问卷445份，实际收回问卷440份，有效问卷432份，问卷有效率为98.18%。调查围绕石羊河流域草地和耕地收益和成本展开，草地成本收益主要选取了"家庭拥有草场面积、流转面积、放牧面积、禁牧面积"、"上一年份家庭收入（从事畜牧业并且出售牛、羊等牲畜获得的收益）"、上一年家庭畜牧业生产成本（种畜支出、饲料支出、牧草支出、牲畜防疫和治疗开支、雇工、草地流转费用、种植青草地花费的化肥、农药、种子、机力费等开支）。耕地成本收益主要包括"家庭拥有的耕地、流转耕地、种植耕地"、"上一年家庭种植业收入（主要包括各项农产品出售获得的收入）"、"上一年家庭种植业支出（农产品直接用于出售的种植业活动所花费的化肥、农用机械、农药、种子、耕地承包费、雇工费用等支出）"。

调查问卷的发放在人口以及农村居民点分布较为密集的乡镇，其中天祝县、肃南县属于石羊河上游主要牧区，人口居住分散，大多以藏族、土族、裕固族等少数民族为主，草场面积较大，天祝县问卷主要发放集中在旦马乡（34份）、祁连乡（20份）；肃南县问卷发放主要集中在皇城镇（41 份）、泱翔乡（7 份）；

中下游县市属于石羊河流域农耕区。其中，古浪县的调查问卷发放主要集中在海子滩镇（87 份）；永昌县问卷发放集中在朱家堡镇（30份）、水源镇（28 份）；金川区问卷发放主要集中在双湾镇（27 份）、花儿园乡（41 份）；武威市问卷发放主要集中在凉州区的长城镇（32 份）、四坝镇（30 份）；民勤县问卷发放主要集中在红梁乡（30 份）、蔡旗乡（25 份）。

以上游天祝县祁连乡上宽沟村一份放牧户调查问卷为例，介绍了农户草地转换机会成本计算过程，此牧户拥有草场面积 1757 亩，通过草场流转承包了他人 500 亩草场，实际牦牛存栏数量 230 只，羊 230 只。2018年中销售牦牛 31 只，平均售价 5500 元/只，一共获利 170500；销售羊120 只，平均售价 750 元/只，一共获得 90000 元。销售羊毛收入 1000 元（本地陶羊品种，每只产毛 0.8kg，羊毛售价 5 元/kg）。2018 年，牧户畜牧业成本包括种植青草成本（化肥、机力费、农药、种子、雇工等费用）3170 元/12 亩、种畜 10000 元/4 只、玉米饲料 8000 元/4 吨、草料 5000元/250 个草墩、牲畜防疫和治疗 1000 元/年、雇工 3000 元/年、草地流转费用 5000 元/500 亩，经过计算上游牧户的草地转换机会成本（31 ×5500 + 120 × 750 − 3170 − 10000 − 8000 − 5000 − 1000 − 3000 − 5000）/2257=100.28 元/亩。其他农户的草地转换机会成本依据上述公式计算得出。

中下游地区主要以种植业为主，以下游民勤县蔡旗乡新滩村一份种植户调查问卷为例。农户拥有耕地 9 亩，主要种植玉米，产量在 900 公斤/亩（玉米籽），一般玉米收购价格在 2.02 元/公斤。种植成本主要包括化肥（200 元/亩×9 亩 = 1800 元）、机力费（耕地 50 元/亩、播种 50元/亩、收割 150 元/亩）、种子 1350 元（3 公斤/亩×9 亩×50 元/公斤）、农药 450 元、雇工 1500 元（锄草、收割环节）、水费 540 元（地下取水费：60 元/亩，水费 15 元/亩，电费 15 元/亩）。经计算可知农户耕地机会成本（800 × 2.02 − 1800 − 2250 − 1350 − 450 − 1500 − 540）/9 = 941.33元/亩。

石羊河流域土地机会成本主要分布在 111.546 元到 975.33 元之间，肃南县、天祝县的土地机会成本明显小于中下游古浪县、武威市、金昌市、永昌县、民勤县。

第三节　研究结论

一　概率模型模拟

前面已通过 InVEST 模型模拟出了石羊河流域不同行政区域内生态资本的差异，通过最小模糊度方法得到生态资本补偿需要明确的土地利用转换类型和面积，估算了不同行政区域的生态资本供给率 e。概率模拟以行政区划为分析单元。表7－2为各个行政区域的土地利用转换规模、生态资本供给率和土地转换机会成本。论文的经济分析是在最小数据方法下实现的。从表7－2可以看出，不同行政区域的生态资本供给率具有显著差异：上游肃南县退耕还林（草）的农户机会成本在338.83元/亩、天祝县为269.03元；草地禁牧的农户机会成本为67.78元/亩、131.98元/亩。中下游地区退耕还林（草）的农户机会成本平均在356.197元/亩到839.166元/亩之间，平均在683.21元/亩。

表7－2　　　　　　生态资本补偿标准计算所需的模型参数

流域	区域	转换类型	土地转换面积 H（万亩）	e 生态资本供给率（m³/亩）	ω 土地转换机会成本（元/亩）	w/e（元/m³）
上游	肃南	退耕还林（草）	235.65	62.12	338.83	5.45
		草地禁牧	124.90	33.30	67.78	2.04
	天祝	退耕还林（草）	255.02	77.74	269.03	3.46
		草地禁牧	110.99	27.87	131.98	4.72
中下游	民勤	退耕还林（草）	295.71	4.19	732.80	174.71
	武威	退耕还林（草）	215.46	18.28	839.17	45.91
	永昌	退耕还林（草）	185.96	22.18	822.25	37.07
	金昌市	退耕还林（草）	2.45	2.20	665.64	301.98
	古浪县	退耕还林（草）	219.94	23.08	356.20	15.44

　　在 Matlab17a 中，利用 Lilliefors 检验方法①对农户的土地机会成本
（w，单位土地面积净收益）、（e，单位面积生态资本产出率）和单位生
态资本产出成本（w/e）进行正态分布检验。结果显示，h＝0，α＝0.05，
所以在显著性水平在 0.05 下接受原假设，其 w、e、和 w/e 服从正态
分布。

　　从图 7－1 来看：石羊河流域中天祝县、肃南县草地转换机会成本 W
（单位面积放牧草地净收益）的均值和标准差分别为 263.26 元／亩、
168.69 元／亩；117.15 元／亩，92.19 元／亩。古浪县、武威市、永昌县、
金昌市、民勤县的耕地机会成本 W（单位面积耕地净收益）分别为
622.42 元／亩、395.49 元／亩、818.69 元／亩、400.64 元／亩；926.18 元／
亩、726.19 元／亩；755.17 元／亩、631.47 元／亩；700.26 元／亩、372.19
元／亩。因此，若按照以上标准对天祝县、肃南县、古浪县、武威市、永
昌县、金昌市、民勤县农户进行土地利用转换补偿，那么上述区域的单
位面积生态资本供给均能达到的理论目标。

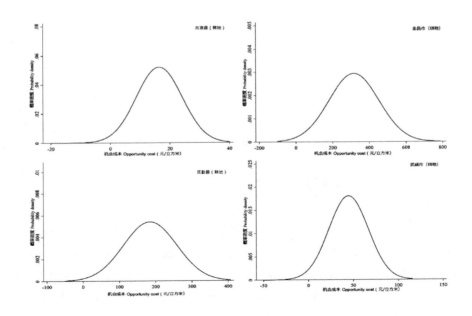

　　①　谢中华：《MATLAB 统计分析与应用》第 2 版，北京航空航天大学出版社 2015 年版。

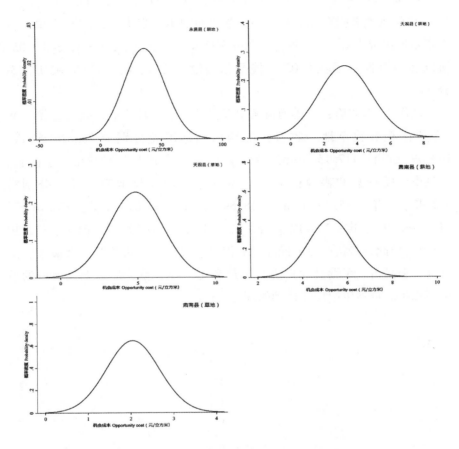

图 7 - 1　单位生态资本供给机会成本的空间分布

二　农户机会成本与生态资本补偿标准

（一）石羊河上游地区

基于第六章土地利用转换的适宜情景以及转换面积，最佳转换地点等数据，确定土地利用方式主要分为"退耕还林（草）"和"草地禁牧"，农户作为生态资本"供给者"，机会损失主要包括耕地和草地损失，即种植业和畜牧业收入降低，以此来获得生态资本供给的机会成本。因此，在石羊河上游地区主要考虑两种土地转换类型，即"退耕还林（草）""草地禁牧"类型。农户收入损失通过问卷调查获得。

在已知 w 和 w/e 的空间分布情况下，利用 Matlab2017a，依据公式便可以模拟出 w/e 与 r（p，p_e）之间的关系，以及 S（p_e）的关系。

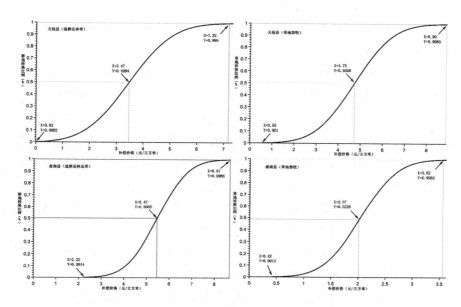

图 7-2　石羊河上游土地利用转换比例与补偿标准之间的关系

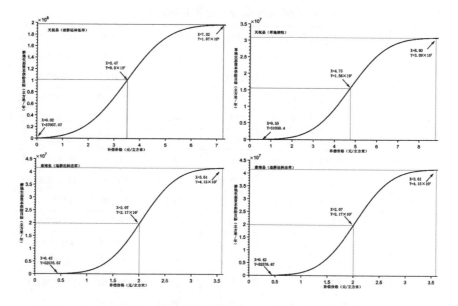

图 7-3　石羊河上游土地利用转换与新增生态资本供给量

结合图 7-3 可知，石羊河上游肃南县、天祝县的单位面积"退耕还林（草）"和"草地禁牧"提供的生态资本补偿价格提高，农户自愿采用"退耕"和"禁牧"的比例越来越高，土地转换所提供的生态资本供给量也随之越来越大。

然而，根据天祝县、肃南县正在实施的第二轮退耕还林（草）和草原生态奖励补助政策可知，天祝县、肃南县执行草原禁牧补助为 3.78 元/亩，草畜平衡奖励为 2.17 元/亩（天祝县补偿价格为 0.0952 元/m³，肃南县为 0.1137 元/m³），而对于未纳入退耕还林（草）补偿范围的农户，并没有实施具体的退耕还林补偿。若按照现行补偿标准上来看，继续补偿农户，实际上能够激励的农户自愿转化土地的比例为 0.11% 和 0.12%，所能达到的生态资本供给量仅仅为 178 万 m³ 和 215 万 m³，与期望土地利用转换所能提供的生态资本供给量的目标差距较大。

那么，为了实现天祝县和肃南县"退耕还林（草）"和"草地禁牧"所能达到的理论生态资本供给量，必须提高上游农户补偿标准，以便鼓励农户转变土地利用方式，进而实现生态资本供给量增加的目标。

表 7-3　　　　石羊河上游补偿标准与生态资本供给量增加

区域	转换类型	情景	转换比例（%）	转换面积（万亩）	补偿标准（元/亩）	补偿总额（万元/年）	新增生态资本（立方米/年）
天祝县	退耕还林（草）	情景1	0.02	0.0479	1.64	0.08	37307.07
		情景2	49.94	127.35	269.84	34365.43	99004718.46
		情景3	99.47	253.68	569.14	144381.86	197213594.97
	草地禁牧	情景1	0.10	0.13	15.22	1.91	31030.40
		情景2	50.58	63.18	132.27	8356.58	15647369.00
		情景3	99.83	124.68	247.94	30913.08	34748920.62
肃南县	退耕还林（草）	情景1	0.13	0.32	138.01	43.89	197575.05
		情景2	50.65	119.34	339.90	40565.55	74138539.79
		情景3	99.86	235.32	538.68	126760.02	146178551.59
	草地禁牧	情景1	0.13	0.16	13.87	2.20	52767.67
		情景2	52.26	65.28	68.81	4491.64	21736781.13
		情景3	99.82	124.67	120.43	15013.92	41516484.61

通过问卷调查可得到天祝县、肃南县牧户的土地平均机会成本：耕地为 269.03 元/亩和 338.83 元/亩，草地为 27.87 元/亩和 33.30 元/亩，若按照单位面积耕地的生态资本补偿标准为 3.46 元/m³、5.45 元/m³，单位面积草地生态资本补偿标准为 4.72 元/m³ 和 2.03 元/m³ 对农户进行补偿。那么，对上游地区展开生态资本补偿能够激励农户自愿接受耕地转换的比例为 49.94%（127.35 万亩）、50.65%（119.35 万亩），上游天祝县和肃南县退耕还林的比例达到整体目标的一半，退耕还林（草）实现的生态资本供给量为 9900.47 万 m³ 和 7413.85 万 m³，也实现石羊河上游耕地转换的生态资本供给量目标的一半。从草地禁牧来看，天祝县和肃南县草地转换方案的比例达到 50.58%（63.18 万亩）和 52.26%（65.28 万亩），草地禁牧的比例达到整体目标的一半，草地禁牧实现增加生态资本供给量为 1564.74 万 m³ 和 2173.68 万 m³。

假设天祝县、肃南县的"退耕还林（草）"补偿标准达到 569.06 元/亩和 538.586 元/亩，"草地禁牧"补偿标准达到 248.04 元/亩和 120.56 元/亩（天祝县和肃南县的单位面积耕地生态资本供给补偿价格达到 7.32 元/m³ 和 8.67 元/m³），单位草地生态资本供给补偿价格达到 8.9 元/m³ 和 3.62 元/m³。在此种情况下，能够激励天祝县和肃南县农户自愿退耕的比例分别达到 99.47%（253.68 万亩）和 99.86%（235.32 万亩），自愿禁牧的比例分别达到 99.83%（124.68 万亩）和 99.82%（124.67 万亩），几乎实现了全部"退耕还林（草）"和"草地禁牧"的面积目标。天祝县和肃南县"退耕还林（草）"所能达到生态资本供给量 19721.36 万 m³ 和 14617.86 万 m³，草地禁牧所能达到的生态资本供给量 3474.89 万 m³ 和 4151.65 万 m³，几乎能够实现第七章中石羊河上游适宜转换的全部目标。

（二）石羊河中下游地区

同理，在石羊河中下游地区确定的土地利用转换方式主要为退耕还林（草），农户作为生态资本的潜在"提供者"，土地利用转换的损失主要包括耕地损失，即种植业收入降低，构成了生态资本供给的机会成本。因此，在石羊河中下游地区主要考虑耕地转换〔由于所掌握的资料有限，本书将还林和还草视为一种土地利用转换，即"退耕还林（草）"类型〕。农户收入的损失通过调查问卷获得。

在已知 w 和 w/e 的空间分布情况下，利用 Matlab2017a，依据公式便可以模拟出 w/e 与 r（p，p_e）之间的关系以及 S（p_e）的关系。

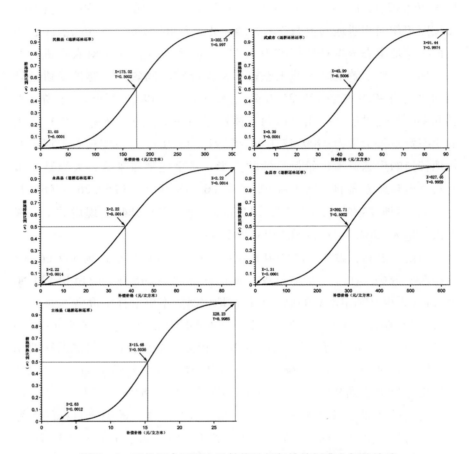

图7-4 石羊河中下游土地转换比例与补偿标准之间的关系

结合图7-4和图7-5可知，随着民勤县、武威市、永昌县、金昌市和古浪县的单位退耕还林（草）的补偿价格［或单位面积退耕还林（草）的补偿标准］的增加，农户自愿采用退耕还林（草）方式的比例越来越高，退耕还林（草）能提供的生态资本的供给目标也随之越来越高（见表7-4）。

根据民勤县、武威市、永昌县、金昌市和古浪县正在实施的退耕还林（草）政策可知，甘肃省执行国家第二轮"退耕还林（草）"相关政策，即每亩补助1600元，其中种苗造林费400元/亩，现金补助1200元/

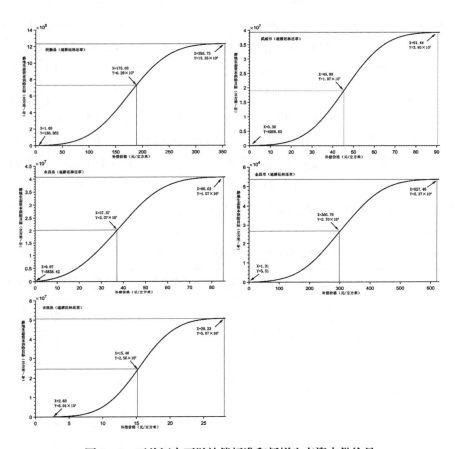

图 7 - 5　石羊河中下游补偿标准和新增生态资本供给量

亩，对于退耕农户给予一定的粮食补贴和现金补贴①，石羊河流域属于北
方地区，"退耕还林（草）"每年补助现金 90 元/亩（现金补助 70 元/亩，
20 元/亩管护任务补助）。那么，按照每亩 90 元现金补助计算，民勤县、
武威市、永昌县、金昌市和古浪县单位面积退耕还林（草）的补偿价格
为 21.48 元/m³、4.92 元/m³、4.06 元/m³、40.91 元/m³、3.90 元/m³，
若要按此标准绩效补偿农户，实际上所能够激励农户自愿采取退耕方式

―――――――――

① 2017 年，在财政部颁发《完善退耕还林政策补助资金管理办法》的通知中明确规定，
北方地区每亩退耕地每年补助现金 70 元；原每亩退耕地每年 20 元现金补助。

的比例仅仅占到 0.39% （77.43 亩）、0.22% （319.38 亩）、1%（1246.69 亩）、0.54% （8.79 亩）、0.34% （493.19 亩），退耕还林（草）所能达到的生态资本供给量目标也只有 48.67 万 m^3/年、875.75 万 m^3/年、4147.73 万 m^3/年、2.90 万 m^3/年、1707.41 万 m^3/年，这与第六章基于生态资本最大化的"退耕还林（草）"的目标相差很大。为实现民勤县（29.57 万亩）、武威市（215.46 万亩）、永昌县（185.96 万亩）、金昌市（2.45 万亩）和古浪县（219.94 万亩）分别在"退耕还林（草）"所能达到的生态资本供给量的理论目标，石羊河中下游对农民的生态资本补偿标准提高，可以明显激励农户增加"退耕还林（草）"比例，进而提高生态资本供给量的理论目标（见表 7-4）。

表 7-4　　　　　石羊河上游补偿标准与新增生态资本供给量

区域	转换类型	情景	转换比例（%）	转换面积（万亩）	补偿标准（元/亩）	补偿总额（万元/年）	新增生态资本（万 m^3/年）
民勤县	退耕还林（草）	情景1	0.01	0.0031	4.30	0.01	0.013
		情景2	50.02	0.15	733.36	10847.53	61.99
		情景3	99.68	0.30	1490.49	43933.14	123.50
武威市	退耕还林（草）	情景1	0.01	0.02	7.05	0.16	0.43
		情景2	50.06	1.08	840.61	90675.88	1971.84
		情景3	99.74	2.15	1671.44	359193.76	3928.38
永昌县	退耕还林（草）	情景1	0.01	0.02	1.55	0.04	5383.42
		情景2	50.07	0.93	833.30	77585.09	2065.09
		情景3	98.70	1.83	1907.92	350188.38	4071.02
金昌市	退耕还林（草）	情景1	0.01	0.00025	2.88	0.00	0.00055
		情景2	50.02	0.012	665.96	816.29	2.70
		情景3	99.59	0.024	1380.41	3369.13	5.37
古浪县	退耕还林（草）	情景1	0.12	0.26	60.60	15.99	6.10
		情景2	50.36	1.11	357.18	39563.69	2556.48
		情景3	99.85	2.20	651.45	143065.12	5068.59

民勤县、武威市、永昌县、金昌市和古浪县的耕地平均机会成本为733.38 元/亩、840.70 元/亩、833.30 元/亩、665.96 元/亩、357.28 元/

亩。若单位面积退耕草地的补偿价格为 175.03 元/m³、45.99 元/m³、37.57 元/m³、302.71 元/m³、15.48 元/m³，所能够激励农户自愿退耕的比例达到 50.02% （14.79 万亩）、50.06% （107.87 万亩）、50.07%（93.10 万亩）、50.02% （1.22 万亩）、50.36% （110.77 万亩），5 个县农户自愿退耕的比例达到了退耕总面积的一半，退耕还林（草）所能达到的生态资本供给量为 61.99 万 m³/年、1971.84 万 m³/年、2065.09 万 m³/年、2.70 万 m³/年、2556.48 万 m³/年，也就实现了几乎一半的生态资本供给目标。

民勤县、武威市、永昌县、金昌市和古浪县的耕地补偿价格增加到 1490.49 元/亩、1671.44 元/亩、1907.92 元/亩、1380.41 元/亩、651.45 元/亩、733.36 元/亩，单位面积退耕草地的补偿价格 355.73 元/m³、91.44 元/m³、86.02 元/m³、627.46 元/m³、28.23 元/m³，所能够激励农户自愿退耕的比例达到 50.02% （29.48 万亩）、99.74% （214.90 万亩）、98.70% （183.54 万亩）、99.59% （2.44 万亩）、99.85% （219.61 万亩），5 个县农户自愿退耕的比例达到了退耕总面积的一半，退耕还林（草）所能达到的生态资本供给量为 123.50 万 m³/年、3928.38 万 m³/年、4071.02 万 m³/年、5.37 万 m³/年、5068.59 万 m³/年，也就能够实现民勤县、武威市、永昌县、金昌市和古浪县全部适宜退耕还林（草）的生态资本供给目标。

三　不同补偿价格下的实施成本与交易成本

本书运用最小数据方法，按照最低情景、适度情景、最高情景讨论了石羊河流域农户对"退耕还林（草）"和"草地禁牧"所提供的生态资本的目标，但是，这只是土地利用转换项目的补偿资金中对农户机会成本的损失部分。真实情景下，生态资本补偿还应该包括地方政府的直接成本和交易成本。并且，在不同土地转换比例和补偿标准下，地方政府的直接成本和交易成本是明显不同的。

（一）实施成本

在"退耕还林（草）"和"草地禁牧"补偿项目实施中，需要针对退耕还林（草）和草地禁牧制定一系列的生态恢复和保育措施。据调查，石羊河流域上游主要的土地利用转换包括"退耕还林（草）"和"草地禁牧"、下游为"退耕还林（草）"建设。据调查，石羊河上游的肃南县和天祝县退耕还林（草）区域需要补植树种和撒播草种，实施的成本主要包括植树造林成本和改造草场的成本。根据上游退耕还林（草）和草地禁牧的经验，草地禁牧项目中，需要对禁牧草地展开治理。例如：草地沙化治理、补播草种，围栏建设，灭鼠、防火等一系列草地保育措施。

由于石羊河流域南北跨度较大，"退耕还林（草）"的建设内容为种苗栽种，"草地禁牧"的建设内容分为围栏封禁和草地补播，又因为石羊河横跨山区和平原，项目统计资料和数据调查难度极大。本书主要估算退耕还林（草）中的种苗栽种实施成本，"草地禁牧"项目中围栏建设和草地补播成本。同时参照天祝县、肃南县、民勤县、武威市、金昌市、永昌县、古浪县退耕还林（草）和"草地禁牧"工程实施方案，得出"退耕还林（草）"和"草地禁牧"的实施成本。

表7-5 石羊河流域生态资本补偿的执行内容和成本

项目名称	建设内容	种苗费/草地补播（亩/元）	围栏建设（亩/元）	单位面积实施成本（亩/元）
退耕还林（草）项目	以乡土树种沙棘、山杏、柠条、榆树、青杨、二白杨、云杉、旱柳、沙枣、红柳等树种。草种有披碱草、中华羊茅、无芒雀麦等	210	—	210
草地禁牧项目	围栏设置、草地沙化治理、补播草种、灭鼠和防火等工作内容	20	16	36

在不同的补偿价格下，可以根据计算公式分别估算出天祝县、肃南县、民勤县、武威市、金昌市、永昌县、古浪县所需的直接实施成本总额

$$C_1 = L_1 \times H_1 + G_1 \times H_2 \qquad (7-3-1)$$

C_1为直接成本，为退耕还林（草）单位面积直接成本，H_1为退耕还林（草）面积，G_1为草地禁牧的单位面积直接成本，H_2为草地禁牧面积。

表 7 - 6　　　　　　　不同补偿价格下的直接成本估算

流域	区域	转换类型	情景	转换比例（%）	转换面积（万亩）	实施成本（万元）
上游	天祝县	退耕还林（草）	情景1	0.02	0.05	10.08
			情景2	49.94	127.35	26744.26
			情景3	99.47	253.68	53273.55
		草地禁牧	情景1	0.10	0.13	4.51
			情景2	50.58	63.17	2274.34
			情景3	99.83	124.68	4488.56
	肃南县	退耕还林（草）	情景1	0.13	0.32	66.79
			情景2	50.65	119.35	25062.93
			情景3	99.86	235.32	49416.45
		草地禁牧	情景1	0.13	0.16	5.70
			情景2	52.26	65.28	2349.92
			情景3	99.82	124.67	4488.27
中下游	民勤县	退耕还林（草）	情景1	0.01	0.0031	0.65
			情景2	50.02	14.79	3106.23
			情景3	99.68	29.48	6189.87
	武威市	退耕还林（草）	情景1	0.01	0.0233	4.90
			情景2	50.06	107.87	22652.39
			情景3	99.74	214.90	45129.14
	永昌县	退耕还林（草）	情景1	0.01	0.0242	5.10
			情景2	50.07	93.1059	19552.24
			情景3	98.70	183.54	38544.36
	金昌市	退耕还林（草）	情景1	0.01	0.0002	0.05
			情景2	50.02	0.012	257.40
			情景3	99.59	0.024	512.54
	古浪县	退耕还林（草）	情景1	0.12	0.0263	55.41
			情景2	50.36	110.76	23260.91
			情景3	99.85	219.61	46118.03

（二）不同补偿价格下的交易成本

交易成本是指地方政府在承担，土地利用转换项目过程中投入的人力、物力、财力，例如：项目前期工程设计费、咨询费、项目管理费、技术费、工程施工和监理费用、检查验收费用。同时，这些费用的支出具有较大的不确定性，因此直接对实施工程进行测量交易成本比较困难。本书采用诸多研究中一致采用的方法——类比法进行估算交易成本。一般情况下，河西走廊"退耕还林（草）"和"草地禁牧"项目实施中交易成本发生的比例为补偿费用的5%①。因此，本书直接采用5%的比例来估算石羊河流域"退耕还林（草）"和"草地禁牧"工程的交易费用。

$$(C_1 + C_2 + C_3) \times r_2 + C_1 + C_3 = C_1 + C_2 + C_3 \quad (7 - 3 - 2)$$

式（7 - 3 - 2）中，C_1 表示直接成本，C_2 表示交易成本，C_3 表示机会成本，表示交易成本占生态建设项目补偿资金总额的比例（5%）。

从表7-6可看出来，石羊河流域不同补偿价格对应不同的交易成本，从上游天祝县和肃南县交易成本在从情景1到情景3呈逐渐递增趋势。

表7-7 石羊河流域不同情景下交易成本估算

流域	区域	转换类型	情景	转换比例（%）	转换面积（万亩）	交易成本（万元）
上游	天祝县	退耕还林（草）	情景1	0.02	0.0479	0.53
			情景2	49.94	127.35	3216.30
			情景3	99.47	253.68	10402.92
		草地禁牧	情景1	0.10	0.1252	0.34
			情景2	50.58	63.18	559.52
			情景3	99.83	124.68	1863.24
	肃南县	退耕还林（草）	情景1	0.13	0.3180	5.83
			情景2	50.65	119.35	3454.13
			情景3	99.86	235.32	9272.45
		草地禁牧	情景1	0.13	0.16	0.42
			情景2	52.26	0.65	360.08
			情景3	99.82	1.25	1026.43

① 徐中民：《甘肃省典型地区生态补偿机制研究》，中国财政经济出版社2011年版。

续表

流域	区域	转换类型	情景	转换比例（％）	转换面积（万亩）	交易成本（万元）
中下游	民勤县	退耕还林（草）	情景1	0.01	0.0031	0.04
			情景2	50.02	0.15	734.41
			情景3	99.68	0.29	2638.05
	武威市	退耕还林（草）	情景1	0.01	0.0233	0.27
			情景2	50.06	107.87	5964.65
			情景3	99.74	214.90	21280.15
	永昌县	退耕还林（草）	情景1	0.01	0.0242	0.27
			情景2	50.07	93.11	5112.49
			情景3	98.70	183.54	20459.62
	金昌市	退耕还林（草）	情景1	0.01	0.0003	0.00
			情景2	50.02	1.22	56.51
			情景3	99.59	2.44	204.30
	古浪县	退耕还林（草）	情景1	0.12	0.26	3.76
			情景2	50.36	110.77	3306.56
			情景3	99.85	219.61	9957.01

　　前面分析了在石羊河流域实施生态补偿中达到生态资本最大化目标时需要补偿农户的土地转换机会成本，同时分析了土地利用转换项目的实施成本、交易成本。从而可以计算出生态资本补偿所需经费以及随着转换比例的提升，生态资本补偿所需经费不断递增的趋势。同时，根据第七章计算内容，分析了实现石羊河流域实现生态资本最大化，将全部适宜土地转换所需补偿资金（见表7－8）。

表7-8 石羊河流域生态资本补偿总资金估算

区域		转换类型	情景	转换比例（%）	实施成本（万元）	机会成本（万元）	交易成本（万元）	合计（万元）
上游	天祝县	退耕还林（草）	情景1	0.02	10.08	0.08	0.53	10.69
			情景2	49.94	26744.26	34365.43	3216.30	64326.00
			情景3	99.47	53273.55	144381.86	10402.92	208058.32
		草地禁牧	情景1	0.10	4.51	1.91	0.34	6.75
			情景2	50.58	2274.34	8356.58	559.52	11190.44
			情景3	99.83	4488.56	30913.08	1863.24	37264.88
	肃南县	退耕还林（草）	情景1	0.13	66.79	43.89	5.83	116.51
			情景2	50.65	25062.93	40565.55	3454.13	69082.62
			情景3	99.86	49416.45	126760.02	9272.45	185448.91
		草地禁牧	情景1	0.13	5.70	2.20	0.42	8.32
			情景2	52.26	2349.92	4491.64	360.08	7201.64
			情景3	99.82	4488.27	15013.92	1026.43	20528.62
中下游	民勤县	退耕还林（草）	情景1	0.01	0.65	0.01	0.04	0.70
			情景2	50.02	3106.23	10847.53	734.41	14688.17
			情景3	99.68	6189.87	43933.14	2638.05	52761.06
	武威市	退耕还林（草）	情景1	0.01	4.90	0.16	0.27	5.34
			情景2	50.06	22652.39	90675.88	5964.65	119292.93
			情景3	99.74	45129.14	359193.76	21280.15	425603.06
	永昌县	退耕还林（草）	情景1	0.01	5.10	0.04	0.27	5.40
			情景2	50.07	19552.24	77585.09	5112.49	102249.83
			情景3	98.70	38544.36	350188.38	20459.62	409192.36
	金昌市	退耕还林（草）	情景1	0.01	0.05	0.00	0.00	0.06
			情景2	50.02	257.40	816.29	56.51	1130.21
			情景3	99.59	512.54	3369.13	204.30	4085.97
	古浪县	退耕还林（草）	情景1	0.12	55.41	15.99	3.76	75.16
			情景2	50.36	23260.91	39563.69	3306.56	66131.16
			情景3	99.85	46118.03	143065.12	9957.01	199140.16
合计			情景1	0.12	153.20	64.28	11.45	228.93
			情景2	50.36	125260.63	307267.70	22764.65	455292.98
			情景3	99.85	248160.76	1216818.40	77104.17	1542083.33

第四节　本章小结

理论上，土地利用转换能够为耕地和草地提供生态资本。能否实现第六章中适宜土地利用转换的全部目标，这就与退耕还林（草）和草地禁牧比例大小息息相关。退耕和禁牧比例越大，"退耕还林（草）"和"草地禁牧"所提供的生态资本供给量越大，反之亦然。则退耕还林（草）和草地禁牧的比例大小，则与退耕还林（草）和草地禁牧补偿标准存在紧密联系，退耕和禁牧补偿标准与农户的机会成本越接近，农户自愿参加退耕和禁牧的比例就越大，反之亦然。

若继续按照"情景1"中补偿标准对农户进行补偿，能够激励农户自愿参与退耕和禁牧的比例非常低，土地利用转换项目所能达到的生态资本供给量与期望的理论目标相差很大。若按照"情景2"中调查得到的平均机会成本对农户展开补偿，能够达到的比例以及实现的生态资本供给量也仅为一半。若按照"情景3"的补偿标准对农户进行补偿，土地利用转换项目能达到最佳适宜情景模拟下的生态资本供给量目标。

在土地利用转换项目实施中，需要针对退耕还林（草）和草地禁牧制定一系列的生态恢复和保育措施。同时，国家在土地利用转换项目过程中投入了大量人力、物力、财力，如项目前期工程设计费、咨询费、项目管理费、技术费、工程施工和监理费用、检查验收费用。那么，石羊河流域若执行"情景3"补偿标准，天祝县退耕还林（草）需要的补偿标准总额为208058.32万元，草地禁牧补偿标准总额为37264.88万元；肃南县退耕还林（草）需要的补偿总额为185448.91万元，草地禁牧补偿标准总额为20528.62万元。民勤县退耕还林（草）需要的补偿总额为52761.06万元、武威市退耕还林（草）需要的补偿总额为425603.06万元，永昌县退耕还林（草）需要的补偿总额为409192.36万元，金昌市退耕还林（草）需要的补偿总额为4085.97万元、古浪县退耕还林（草）需要的补偿总额为199140.16万元。

农户是生态资本补偿的微观"践行者"。农户受偿意愿额对生态资本补偿成功实施非常重要。由于农户的经济决策及生态资本供给量存在较大的差异性，不同区域农户由于经济社会发展的不同，与土地的未来经济租金存在明显不同。那么，同一地区的生态资本供给曲线是不同的，而且补偿价格是随着供给曲线呈不断上升趋势的。从生态建设补偿政策高效实施的角度上出发，如果土地利用转换过程中对农户的激励远低于农户的受偿意愿，造成的是土地转换比例较低，生态资本供给量减少。若高于农户的受偿意愿，则带来的结果是补偿资金的浪费，补偿政策的低效率运行。因此，应根据农户受偿意愿额、转换比例、补偿价格以及生态资本供给量建立动态化、差别化的补偿标准向生态资本的供给者给予生态补偿。

第 八 章

生态资本补偿中农户受偿意愿分析

第一节　农户受偿意愿额的估计

在中国正在实施的生态补偿项目中，农户只能被动接受涉及自己切身利益的补偿标准。一方面，农户对于整个生态补偿来说，是补偿方案执行的关键，也是补偿效果的"检验者"。另一方面，农户作为生态补偿的微观主体，是土地利用中最重要的"决策者"，生态资本补偿必须与当地农户的切身经济利益相协调，才能真正调动农户的土地转换积极性。从生态资本补偿执行角度上来说，农户面对土地利用方式的转换的响应相对简单，即短期收益驱动下的理性应对，若生态补偿能够弥补土地转换的机会成本，就愿意接受生态资本补偿；若在土地利用转换过程中农户放弃一定的生产活动，就可以实现石羊河流域生态资本供给增加。在上一章中，我们讨论了在不同标准下，转换比例和生态资本供给量随着补偿价格呈不断递增趋势。那么，在土地利用转换项目具体实施中，农户的受偿意愿成为关键。若低于农户补偿意愿，难以实现生态资本供给可持续的目标；若大于农户补偿意愿，势必带来生态资本补偿的低效率。

本书对目前生态补偿情况以及农户受偿意愿额进行了调查，通过估算得到牧户每年的禁牧补偿 7.32 元/亩，农户每年的退耕补偿 72.66 元/亩，草地补偿是国家正在实施的草原生态奖励补助政策，耕地补偿主要是国家正在实施的退耕还林（草）补助政策。

为了进一步分析石羊河流域农户对土地利用转换项目的受偿意愿，本书借助贝叶斯后验分布模型对研究区农户受偿意愿额进行估值。

$$P(A \mid B) = \frac{P(AB)}{P(B)} = \frac{P(B \mid A)P(A)}{P(B)} \qquad (8-1-1)$$

其中 P（A）为先验概率，B 为农户受偿意愿值数据，贝叶斯公式中将先验概率 P（A）更新为后验概率 $P(B \mid A)$ 的规则。一般地，对于随机向量 θ（视为参数）与随机向量 y（y_1、y_2、$y_3 \cdots y_n$），根据贝叶斯定理（$Bayes'Theorem$）可知，

$$f(\theta \mid y) = \frac{f(\theta,y)}{f(y)} = \frac{f(y \mid \theta)\pi(\theta)}{f(y)} \qquad (8-1-2)$$

其中，$f(y \mid \theta)$ 为看到数据 y 之后 θ 的条件分布密度（即后验分布），$\pi(\theta)$ 为参数 θ 的先验分布密度，$f(\theta,y)$ 为 θ 和 y 的联合分布，$f(y \mid \theta)$ 为给定参数 θ 时 y 的密度函数，而 f（y）的 y 边缘分布密度。则联合分布 $f(y \mid \theta)$ 中随机参数 θ 积去掉，就可以得到 y 的边缘分布密度函数。

$$f(y) = \int f(\theta,y)d\theta = \int f(y \mid \theta)\pi(\theta)d\theta \qquad (8-1-3)$$

公式（8-1-2）中，后验分布 $f(\theta,y)$ 记为 $p(\theta,y)$（p 表示 posterior），y 的密度函数 $f(y \mid \theta)$ 记为似然函数 $L(\theta_{:}y)$。$L(\theta_{:}y)\pi(\theta)$ 就是后验分布 $p(\theta \mid y)$ 的密度核。

一 耕地转换与农户受偿意愿估计值

如表 8-1 所示，石羊河流域耕地转换的受偿意愿额是存在区域空间差异的，下游农户的耕地转换受偿意愿额普遍高于流域上游的。武威市农户受偿意愿额最高，达到 1270.33 元/亩/年，其次是民勤县 1102.48 元/亩/年、金昌市 921.20 元/亩/年、古浪县 905.98 元/亩/年、永昌县 820.54 元/亩/年。上述 5 个县市的农户受偿意愿估计值的 MCSE 估计后经验值的近似误差在可接受范围内。并且农户受偿意愿额的自相关图中，当 thin =1 时，该估值自相关明显，然后有很快收敛至 0 附近。

表8-1 基于贝叶斯估计的石羊河流域农户耕地受偿意愿额估计值

流域	县市	Mean	Std. Dev.	MCSE	Median	Equal－tailed		min	max
						95% Cred.	Interval		
上游	天祝县	435.45	0.1708	0.0037	435.45	435.12	435.79	67.28	1720.47
	肃南县	347.16	0.1864	0.0040	347.16	346.80	347.52	85.77	553.01
中下游	民勤县	1102.48	0.1180	0.0023	1102.48	1102.25	1102.71	400.00	3960.00
	武威市	1270.33	0.0850	0.0018	1270.33	1270.16	1270.50	423.25	4625.00
	永昌县	820.54	0.1192	0.0024	820.54	820.31	820.77	466.67	1211.11
	金昌市	921.20	0.1026	0.0021	921.20	921.00	921.40	368.42	5897.50
	古浪县	905.98	0.0889	0.0019	905.98	905.81	906.15	107.14	4102.94

下游天祝县农户耕地受偿意愿估计值最高的天祝县，为435.45元/亩/年，肃南县为347.16元/亩/年。

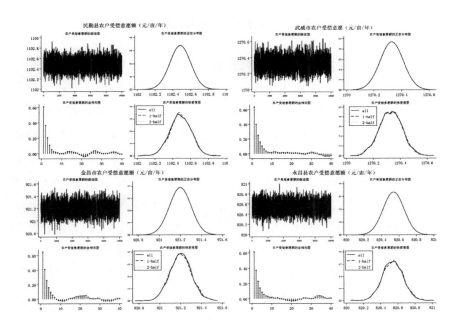

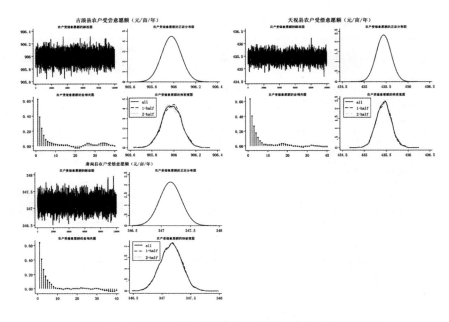

图 8 - 1   石羊河流域中下游农户的耕地受偿意愿估计值

二   草地转换与农户受偿意愿额估计

如表 8 - 2 所示，石羊河上游天祝县和肃南县农户的草地受偿意愿估计值为 261.79 元/亩/年，肃南县为 109.23 元/亩/年，天祝县农户草地受偿意愿额的 95% 的置信区间为（8.77，427.25），肃南县农户草地受偿意愿额的 95% 置信区间为（6.20，448.38）。结合图 8 - 2，农户受偿意愿额估计值偏态为 0.000，呈尖峰正态分布，图 8 - 1 所示，当 thin = 1 即步长为 1 时，该估值自相关明显，然后很快收敛至 0 附近，图 8 - 2 所示，农户的草地受偿意愿估值迭代过程平稳，并没有出现较大的异常，足以说明本书估值的稳健性，即基于贝叶斯估计对石羊河流域农户草地受偿意愿进行估计，发现上游天祝县农户草地受偿意愿估计值为 261.79 元/亩/年，肃南县为 109.23 元/亩/年，而草地禁牧补偿为 3.78 元/亩/年，草畜平衡补偿为 2.5 元/亩/年，二者相差巨大。

表8-2 基于贝叶斯估计的石羊河流域牧户草地受偿意愿额估计值

县市	Mean	Std. Dev.	MCSE	Median	Equal-tailed		min	max
					95% Cred.	Interval		
天祝县	261.79	0.1704	0.0035	261.79	261.47	262.13	8.77	427.25
肃南县	109.23	0.1871	0.0039	109.23	108.88	109.60	6.20	448.38

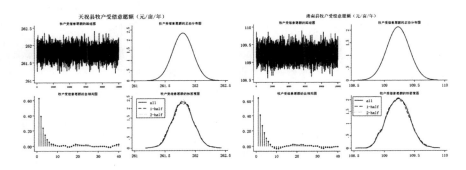

图8-2 石羊河流域上游农户的草地受偿意愿额估计

三 农户受偿意愿额与生态补偿成本测算

基于第七章第三节补偿价格、转换比例与生态资本供给的关系，结合第八章第一节中农户受偿意愿估计值的结论。可以初步估算出基于农户受偿意愿额前提下的生态资本补偿价格、转换比例与生态资本供给量。在第八章第一小节中，通过贝叶斯估计方法得到石羊河流域上游天祝县、肃南县，中下游民勤县、武威市、永昌县、金昌市和古浪县农户的耕地受偿意愿额，分别435.45元/亩/年、347.16元/亩/年、1102.48元/亩/年、1270.33元/亩/年、820.54元/亩/年、921.20元/亩/年、905.98元/亩/年。天祝县和肃南县农户草地受偿意愿额分别为261.79元/亩/年、109.23元/亩/年。

本书依据上游天祝县、肃南县、民勤县、武威市、永昌县、金昌市、古浪县农户受偿额估计值和补偿价格，能够推导出生态资本供给量。若按照农户受偿意愿额作为生态资本补偿标准，"退耕还林（草）""草地禁牧"工程的补偿资金能够完全满足农户希望得到的补偿价格。此时，天祝县可以增加生态资本供给量约 2.19×10^8 立方米/年，肃南县可以增

加 1.21×10^8 立方米/年，民勤县可以增加生态资本供给量约 1.15×10^6 立方米/年，武威市可以增加生态资本供给量约 0.37×10^8 立方米/年，永昌县可以增加生态资本供给量约 0.2×10^8 立方米/年，金昌市可以增加生态资本供给量约 4.62×10^4 立方米/年、古浪县可以增加生态资本供给量约 0.507×10^8 立方米/年，整个石羊河流域可以实现生态资本供给量增加约 4.48×10^8 立方米/年。从空间分布来看，生态资本供给量增加的区域主要分布在上游地区的天祝县和肃南县、中游古浪县和永昌县。

表 8 - 3　　　　基于农户受偿意愿额的补偿价格、转换比例与
生态资本供给量

流域	县域	土地转换情景	受偿意愿（元/亩）	补偿意愿价格（元/立方米）	转换比例（%）	转换面积（万亩）	生态资本供给量（万立方米/年）
上游	天祝县	退耕还林（草）	435.45	5.60	94.84%	241.86	18801.82
		草地禁牧	261.79	9.39	100.00%	110.99	3088.11
	肃南县	退耕还林（草）	347.16	5.59	61.59%	145.13	7954.58
		草地禁牧	109.23	3.28	98.86%	123.48	4111.74
中下游	民勤县	退耕还林（草）	1102.48	263.12	92.67%	27.40	114.82
	武威市	退耕还林（草）	1270.33	69.49	93.86%	202.22	3696.66
	永昌县	退耕还林（草）	820.538	36.99	48.60%	90.38	2004.65
	金昌市	退耕还林（草）	921.199	418.73	85.64%	2.10	4.62
	古浪县	退耕还林（草）	905.9794	39.25	100.00%	219.04	5068.59

第二节　农户受偿意愿的影响因素分析

一　分位数回归方法在农户受偿意愿额影响因素中的应用

生态资本属于公共产品，然而大多数生态补偿政策并不能完全考察到每一个微观个体进行区别对待。由于每个农户的个体特征、家庭禀赋资源、社会关系网络的差别，也就造成了每一个农户的受偿意愿估计值存在较大差别。那么，在判断总体受偿意愿估计值之后，补偿政策需要

考察不同农户的受偿意愿估计值差别的原因，并总结出共性规律，以提高生态资本补偿的精准性。

已有研究对考察样本影响因素问题多选择多元回归方法[①]或者 OLS 方法[②]反映的整体样本趋势，然而回归结果的可信程度低。然而，分位数回归模型利用残差绝对值的加权平均数作为整体样本最小化的目标函数[③]，能够很好地解决样本中的极端值问题，且分位数模型可以满足条件分布 $y \mid x$ 条件。本书中，运用分位数模型分析农牧受偿意愿额的影响因素，利用解释变量 x 和被解释变量 y 的条件分位数进行建模，分析解释变量 x 对被解释变量 y 分布的位置、刻度和形状的影响。假设条件分布 $y \mid x$ 的总体 q 分位数 $y_q(x)$ 的线性函数：

$$y_q(x_i) = x_i \beta_q \qquad (8-2-1)$$

公式 $(8-2-1)$ 中 β_q 被称为 q 分位数的相关系数，其估计值为

$$\widehat{\beta} = \frac{min}{\beta_q} \sum_{i:y_i \geq x_{i\beta_q}}^{n} q \mid y_i - x'_i \beta_q \mid + \sum_{i:y_i < x_{i\beta_q}}^{n} (1-q) \mid y_i - x'_i \beta_q \mid$$

$$(8-2-2)$$

若 $q = 1/2$，则中位数回归，此时目标函数可以简化为：

$$\widehat{\beta} = \frac{min}{\beta_q} \sum_{i=1}^{n} q \mid y_i - x'_i \beta_q \mid \qquad (8-2-3)$$

根据上述公式，公式 $(8-2-3)$ 中 y 作为被解释变量，表示农户受偿意愿估计值，x 表示被解释变量，包括年龄、教育程度、家庭劳动力数

---

① 帅传敏、王静、程欣：《三峡库区移民生态减贫策略的优化仿真研究》，《数量经济技术经济研究》2017 年第 1 期，第 21—39 页。

② Dominati E., Patterson M., Mackay A., "A framework for classifying and quantifying the natural capital and ecosystem services of soils", *Ecological Economics*, Vol. 69, No. 9, 2010, pp. 1858 – 1868.

③ Rees W. E., "Ecological footprints and appropriated carrying capacity: what urban economics leaves out", *Focus*, Vol. 62, No. 2, 1992, pp. 121 – 130.

量、家庭年收入、水资源紧缺程度、补偿期望、生态资本认知等变量，分位数回归模型为：

$$\theta_\zeta [y/x] = \alpha_\zeta + x'\beta_\zeta + \xi_\zeta \qquad (8-2-4)$$

二 变量选取和测量

表8-4报告了受访农户受偿意愿估计值以及被解释变量的描述性统计情况。石羊河流域农户对"退耕还林（草）"和"草地禁牧"的平均受偿意愿额为894.36元/亩/年，最高的为3190元/亩/年，最低为71.43元/亩/年。受访者年龄平均在49.67岁，最高年龄为86岁，最小的为19岁。受访者教育程度平均值在2.67，多数受访农户的教育程度在初中和高中之间。家庭劳动力人数在2.82人，家庭劳动力最多的人数为6人，最少的为1人。家庭耕地/草地数量平均在100.07亩，家庭耕地最多的有1.78亩，最多的牧户拥有草场3000亩。家庭年收入平均为54001.05元，家庭年收入最高的为120000元，最低收入仅为7200元。关于当地水资源紧缺程度，受访者的回答总体均值为3.4（非常紧缺为5），介于一般和紧缺之间。关于耕地/草地转换能否提高生态效益，受访者的回答总体均值在4.25（增加很多为5），介于增加一点和增加很多之间。关于生态资本认知程度的问题，受访者的回答总体均值在3.09（非常了解为5），介于一般和了解一点之间。

石羊河流域上游和中下游地区在地理环境、气候条件、农业种植、经济环境以及文化风俗差异很大。上游地区属于典型的山地气候，降雨量200—500mm，年平均气温在-20—20摄氏度，特色种植作物为青稞、大麦、小麦等耐寒作物，畜牧业主要以陶羊、牦牛等为主。中下游地区属于典型的荒漠草地景观，年均降雨量在50—200mm，主要农作物以蔬菜、玉米、小麦、枸杞等耐旱作物为主，畜牧业主要以农区畜牧业为主。

表8-4 变量描述性统计

变量	赋值	均值	标准差
农户受偿意愿估计值	（元/亩/年）	849.36	379.23
年龄	受访者年龄	49.67	13.11
受访者教育程度	文盲或小学＝1，初中＝2，高中＝3，大专或本科＝4，本科以上＝5	2.67	1.24
家庭劳动力数量	实际人数（18岁＜年龄＜60岁）	2.82	1.16
家庭耕地/草地数量	承包耕地/草地－抛荒耕地/草地－转化为其他用途土地＋转入耕地/草地－转出耕地/草地＋开荒耕地	100.07	373.39
家庭年收入	田间作物收入＋畜牧生产收入＋个体经营＋打工收入＋其他收入	54001.05	81714.96
水资源紧缺程度	非常不紧缺＝1，不紧缺＝2，一般＝3，紧缺＝4，非常紧缺＝5	3.40	0.93
耕地/草地转换的生态效益评价	实施退耕还林（草）和草地禁牧工程后，给本地的生态效益变化（下降很多＝1，下降一点＝2，没有变化＝3，增加一点＝4，增加很多＝5）	4.25	0.58
生态资本认知	一无所知＝1，不太清楚＝2，一般＝3，较了解＝4，非常了解＝5	3.09	0.90

三　结果与分析

（一）多重共线性检验

在进行回归之前，考虑到变量之间可能存在内部相关，有必要对各变量进行多重共线性检验。一般当VIF大于3时，各变量之间存在一定程度的自相关，当VIF大于10时，各变量间存在非常严重的自相关问题。农户受偿意愿估计值作为被解释变量，其余为解释变量。表8-5结果显示，各变量的VIF均小于3，各变量之间的共线相关程度在合理区间。

表 8 - 5   变量多重共线性检验

变量	共线性	容差
年龄	1.21	0.827949
受访者教育程度	1.14	0.877049
家庭劳动力数量	1.09	0.915894
家庭耕地/草地数量	1.09	0.91803
家庭年收入	1.08	0.925019
水资源紧缺程度	1.07	0.938067
耕地/草地转换的生态效益评价	1.04	0.957947
生态资本认知	1.03	0.969711
总体	1.09	0.916208

（二）农户受偿意愿额的影响因素分析

1. 年龄对农户受偿意愿估计值的影响

从总体上讲（从 OLS 回归结果上看，下同），性别与农户受偿意愿额在 5% 的显著水平上呈正相关关系，即相较于青壮年而言，中老年农户受偿意愿额更高，从分位数来看，10% 的分位数的相关系数至 95% 的分位数的相关系数均通过了显著检验，说明年龄因素对整个农户受偿意愿额产生较为显著的影响，且相关系数大小相差不大。从图 8 - 3 中第一排中的第二个小图发现性别变量中的 20%—90% 分位数的趋势更为平稳，二者能够相互印证。

2. 教育程度对农户受偿意愿估计值的影响

受访者教育程度与农户受偿意愿额在 5% 显著水平上呈负相关性，即总体上受访者的教育程度越高，农户的受偿意愿额越低。从图 8 - 3 所示的第一排第三个小图可知，教育程度分位数 25% 的相关系数在 5% 水平通过显著性检验，分位数 75% 的相关系数在 5% 水平上通过显著性检验，说明教育程度对较低和较高的分位段上农户受偿意愿额的影响更为显著。

3. 家庭劳动力数量对农户受偿意愿估计值的影响

家庭劳动力数量与农户受偿意愿额在 1% 的水平上呈负相关性，即总体上讲家庭劳动力数量越高，农户的受偿意愿额越低。从图 8 - 3 中的第二排第一个小图可以看出，家庭劳动力数量10%的相关系数在5%水平上通过显著性检验，分位数25%的相关系数在5%的显著水平显著，分位数95%的相关系数在10%的显著水平显著，说明家庭劳动力数量对较低的分位段上农户受偿意愿额影响显著。

4. 耕地数量对农户受偿意愿估计值的影响

耕地数量与农户受偿意愿额在5%水平上呈正相关性，即总体上耕地数量越多，农户的受偿意愿额就越高。从图8-3所示的第二排第二个小图可以看出，耕地分位数10%的相关系数在10%水平通过显著性检验，分位数95%的相关系数在5%水平上通过显著性检验，可以判断出耕地数量对较低的分位段和高分位段上的农户受偿意愿额的影响显著。

5. 家庭年收入对农户受偿意愿估计值的影响

家庭收入与农户受偿意愿额在10%的水平上呈正相关性，家庭年收入越高，农户的受偿意愿额就越高。从图8-3所示的第二排第三个小图可以看出，家庭收入分位数50%的相关系数在5%水平上通过显著性检验，分位数75%的相关系数在5%水平上通过显著性检验，分位数95%的相关系数在5%水平上通过显著性检验，可以判断家庭年收入对较高分位段上的农户受偿意愿额的影响显著。

6. 水资源紧缺程度对农户受偿意愿估计值的影响

水资源紧缺程度与农户受偿意愿额在10%的水平上呈负相关性，农户感知到的水资源紧缺程度越高，其受偿意愿额越低。从图8-3所示的第三排第一个小图可以看出，分位数10%的相关系数在5%水平上通过显著性检验，分位数95%的相关系数在5%水平上通过显著性检验，说明水资源紧缺程度对较低和较高的分位段上农户受偿意愿额的影响显著。

7. 耕地/草地转换的生态效益评价对农户受偿意愿估计值的影响

土地转换的生态效益评价与农户受偿意愿额在10%的水平上呈正相关性，即总体上土地转换的生态效益越高，其受偿意愿额越高。从图8-3所示的第三排第二个小图可以看出，土地转换的生态效益在10%水平上通过显著检验，分位段10%的相关系数在10%水平上通过显著性检验，说明土地转换的生态效益对较低的分位段上农户受偿意愿额的影响显著。

8. 生态资本认知对农户受偿意愿估计值的影响

生态资本认知与农户受偿意愿额在5%的水平上呈正相关关系，生态资本认知更高的农户，其受偿意愿额更高，从分位数相关系数上讲，10%的分位段的相关系数至50%分位段的相关系数均通过了显著检验，说明生态资本认知显著影响对较低的分位段上的农户受偿意愿额产生较为显著的影响，且相关系数大小相差不大。从图8-3第三排第三个小图可以看出，农户生态资本认知20%—50%段位的相关系数趋势更为平稳，进一步印证了结论。

表8-6　　　　　　　微观农户受偿意愿估计值影响因素的
OLS 估计与分位数回归估计

变量	(1)	(3)	(4)	(5)	(8)	(11)
	Ols	QR_ 10	QR_ 25	QR_ 50	QR_ 75	QR_ 95
年龄	0.00517 **	0.00568 **	0.00388 **	0.00209 **	0.00209 **	-0.0168 **
	(2.09)	(2.30)	(2.16)	(1.62)	(2.03)	(-1.29)
受访者教育程度	-0.203 **	-0.134	-0.128 **	-0.0765	-0.0874 **	-0.244
	(-2.26)	(-1.43)	(-2.00)	(-1.27)	(-1.98)	(-0.44)
家庭劳动力数量	-0.0865 ***	-0.0844 **	-0.0350 **	-0.00866	-0.00930	0.0623 *
	(-3.50)	(-2.43)	(-1.43)	(-0.63)	(-0.73)	(0.36)
家庭耕地/草地数量	0.00566 **	0.00475 *	0.00239	0.00201	0.00183	0.0196 ***
	(2.10)	(1.77)	(0.96)	(1.19)	(1.24)	(3.64)
家庭年收入	0.0597 *	0.00285	0.0136	0.0309 **	0.0322 **	0.354 **
	(1.88)	(0.08)	(0.84)	(2.06)	(2.28)	(2.11)
水资源紧缺程度	-0.0601 *	-0.0533 *	-0.0139	-0.00860	-0.0120	-0.260 **
	(-1.94)	(-1.66)	(-0.57)	(-0.47)	(-1.03)	(-2.19)
耕地/草地转换的生态效益评价	0.0809 *	0.0270 *	0.00446	0.000384	0.00430	0.370
	(1.68)	(0.42)	(0.12)	(0.01)	(0.22)	(1.22)
生态资本认知	0.0734 **	0.123 ***	0.0681 ***	0.0351 ***	-0.00143	-0.200
	(2.32)	(3.24)	(3.00)	(2.87)	(-0.12)	(-1.41)
_ cons	6.647 ***	6.630 ***	6.583 ***	6.645 ***	6.919 ***	8.840 ***
	(21.76)	(21.43)	(25.01)	(56.70)	(64.15)	(6.01)
N	438	438	438	438	438	438

注：* $p < 0.1$，** $p < 0.05$，*** $p < 0.01$。

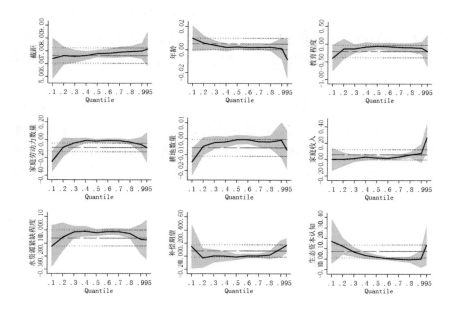

图 8 - 3 基于分位数回归的农户受偿意愿额的影响因素分析

第三节 本章小结

农户是生态资本补偿的微观"实践者",其受偿意愿额对生态资本补偿顺利实施非常重要。本小结从农户受偿意愿角度出发,运用贝叶斯统计方法估计了微观受偿意愿的期望值与生态资本补偿过程中补偿价格、转换比例及生态资本供给量的关系。

通过贝叶斯估计可以看出,石羊河流域农户的受偿意愿额存在明显土地类型差异以及空间差异。从土地类型上来看,石羊河流域农户的耕地受偿意愿额明显高于草地。从空间来看,上游天祝县、肃南县的农户受偿意愿额明显低于中下游民勤县、永昌县、金昌市、武威市、古浪县的。农户耕地受偿意愿额中,武威市农户受偿意愿额最高,达到1270.33元/亩/年,其次是民勤县1102.48元/亩/年、金昌市921.20元/亩/年、古浪县905.98元/亩/年、永昌县820.54元/亩/年。下游天祝县农户耕地受偿意愿估计值最高的是天祝县,为435.45元/亩/年,肃南县为347.16

元/亩/年。牧户草地受偿意愿额中，天祝县牧户草地受偿意愿估计值为261.79 元/亩/年，肃南县为 109.23 元/亩/年。在这种情况下，现有的生态补偿标准与农户土地利用转换的受偿预期形成巨大差距，那么单纯的生态补偿对农户的参与性和积极性影响有限。

运用线性回归分析方法和分位数回归分析方法，农户受偿意愿额的影响因素包括农户年龄、受访者教育程度、家庭劳动力数量、家庭耕地/草地数量、家庭年收入、水资源紧缺程度、耕地草/地转换的生态效益评价、生态资本认知等，尤其年龄、农户教育程度、家庭收入、生态资本认知对不同分位数的农户产生显著影响。

第九章

主要研究结论和展望

第一节　主要研究结论

党的十八大以后，中国政府将生态文明建设提到事关中华民族永续发展的战略高度。长期以来，生态文明建设面临生态资本难以度量、难以核算等基础性难题。针对这一难题，本书在界定干旱内陆河流域生态资本概念基础上，提出生态资本补偿的研究层次与逻辑框架。具体涉及以下几个问题：第一，现有生态补偿执行中面临的利益冲突分析，分析参与双方的利益博弈行为。第二，如何采取科学的手段评估干旱内陆河流域生态资本供给量。第三，明确生态资本补偿的目标，即土地利用转换与生态资本供给量的关系，明确生态资本补偿需要转换的土地转换类型、面积和空间分布。第四，生态补偿标准计算。分析土地利用转换的补偿价格、转换比例与生态资本供给量的关系。第五，分析生态资本补偿实施的微观基础，即农户受偿意愿额以及影响因素。

一　现有土地转换补偿政策的不足及不合理

通过对石羊河流域正在实施的"退耕还林（草）""草地禁牧"等土地利用转换项目进行分析，收集二手统计资料，结合多次实践调研反馈结果，运用动态博弈分析方法，分析背后中央政府和地方政府、政府和农户的博弈行为和机理。中央政府出台有效的激励和约束机制可以明显促进地方政府在土地利用转换项目执行中的工作积极程度，可以显著提高生态资本供给量。那么，若要实现生态资本供给量增加，中央政府作为政策的制定者，必须对地方政府出台有效的激励和约束制度，尤其生态补偿额度与地方政府的工作积极程度和生态资本供给量挂钩。在土地利用转换项目设计之初，农户常常被忽视，尤其在实施过程中并没有很好地结合农户的参与意愿。现有土地利用转换项目的补偿标准并不能有效弥补农户参与成本和机会成本，如草地维护和建设成本，放弃耕地或者草地的机会成本，也就造成了较低效的子博弈精炼纳什均衡（不足额补偿，消极参与）。这种博弈结果直接导致转换土地的面积和质量下降，生态资本供给量减少。基于以上的问题存在，造成了政府与农户低效的子博弈精炼纳什均衡问题，并不能有效激励土地使用者改变土地用途，提高单位面积土地的生态资本供给量。

二 生态资本供给量与价值评估

本书运用 InVEST 模型，模拟了石羊河流域 2000 年和 2015 年生态资本供给量空间格局变化。2000 年和 2015 年石羊河流域栅格单元平均生态资本供给能力分别介于 0—265.01mm 和 0—267.019mm。石羊河流域单元生态资本供给能力由 2000 年的 15.94mm 上升到 2015 年的 17.80mm。石羊河单元平均生态资本供给量分布格局与生态资本供给能力的空间分布格局基本一致，呈现出由南向北逐渐递减趋势。从县域来看，肃南县、天祝县单元生态资本供给能力最高，分别为 59.52mm、70.89mm（2000年）和 59.59mm、74.51mm（2015 年）。石羊河流域中下游是生态资本供给量低值区域，主要分布在民勤、金昌等地，单元生态资本供给能力仅为 1.03mm 和 3.28mm。从各类土地的单元平均生态资本供给量来看，依次为林地（104.06mm）＞高覆盖草地（55.11mm）＞中覆盖草地（34.14mm）＞低覆盖草地（19.58mm）＞耕地（15.11mm）＞水域（5.09mm）＞建设用地（4.44mm）＞未利用土地（1.22mm）。从 2000 年到 2015 年，石羊河流域不同地类单元生态资本供给能力均呈现不同程度的下降，尤其高覆盖度草地和中覆盖度草地的水源涵养量显著下降，分别下降了 37.91mm 和 20.01mm。石羊河流域生态资本供给量价值单元栅格价值由 2000 年 67679.61 元/栅格/年的上升到 2015 年的 75541.11 元/栅格/年。从价值来看，石羊河流域生态资本供给价值由 2000 年的 40.09×10^8 元上升到 2015 年的 44.79×10^8 元。从县市来看，祁连山区的肃南县和天祝县生态资本供给量价值最高，分别为 12.27 亿元和 15.71 亿元，其次是中下游的古浪县、永昌县、武威市、金昌市、民勤县。

三　确定生态资本补偿目标

2000—2015 年，石羊河流域土地利用类型主要以耕地、林地、草地为主，其间变化情况主要呈现出耕地面积缩小，林地、草地和水域面积增加趋势。15 年间，石羊河流域土地利用类型的转换主要集中在耕地、林地、草地、未利用土地之间。通过对不同土地利用情景下的生态资本价值量进行模拟，退耕还林、退耕还草、草地禁牧情景所提供的生态资本价值总量为 59.68×10^8 元/年、56.58×10^8 元/年、48.99×10^8 元/年，无论是草地禁牧、退耕还林，还是退耕还草情景，生态资本供给量均能够得到显著提升。本书运用 Matlab17a 中全局优化工具箱（Matlab Global Optimization Toolbox），得到描述模糊概念"保留耕地""退耕还草""草地禁牧""退耕还林"模糊函数的隶属集（T1 = 11.98、T2 = 30.11、T3 = 59.97），通过最小模糊度的分类条件，得到石羊河适宜退耕还草的面积为 $6587.57 km^2$、适宜草地禁牧的面积为 $2455.33 km^2$、适宜退耕还林的面积为 $1110.36 km^2$。从空间分布来看，适宜维持现状的区域主要分布在下游民勤县境内；适宜退耕还草、草地禁牧、退耕还林的区域主要分布在上游天祝县、肃南县、古浪县等境内。

四　生态资本补偿标准的计算

运用最小数据方法，借助 Matlab2017a 软件，通过土地使用者的机会成本推导生态资本供给曲线。退耕还林（草）工程若按照情景 3（天祝县 569.14 元/亩，肃南县 538.68 元/亩，民勤县 1490 元/亩，1671.44 元/亩，永昌县 1907.92 元，金昌市 1380.41 元/亩，古浪县 651.45 元/亩）对农户展开补偿，可以激励大部分农户的耕地转化为林地或者草地，实现退耕还林（草）所能达到的生态资本供给量的理想目标（天祝县 1.97×10^8 立方米/年、肃南县 1.46×10^8 立方米/年、民勤县 0.12×10^8 立方米/年、武威市 0.39×10^8 立方米/年，永昌县 0.41×10^8 立方米/年、金昌市 5.37×10^4 立方米/年、古浪县 0.51×10^8 立方米/年）。草地禁牧工程若能够按照情景 3（天祝县 247.94 元/亩、肃南县 120.43 元/亩）对农户进行补偿，可以实现草地禁牧所能达到的生态资本供给量（天祝县 0.35×10^8

立方米/年、肃南县 0.42×10^8 立方米/年）。若按照情景 3 展开生态补偿，石羊河流域生态补偿资金（机会成本、交易成本、实施成本）比低于 1542083.34 万元（天祝县 245323.2 万元、肃南县 205977.53 万元、民勤县 52761.06 万元、武威市 425603.06 万元、永昌县 409192.36 万元、金昌市 4085.97 万元、古浪县 199140.16 万元）。

五 生态资本补偿中微观基础分析

从农户受偿意愿角度出发，运用贝叶斯估计方法分析微观受偿意愿的期望值与生态补偿过程中补偿价格、转换比例与生态资本供给量的关系。从空间分布来看，石羊河流域农户的受偿意愿额由上游向下游呈逐渐递减趋势，存在明显南北空间分异规律。从土地类型来看，农户对耕地受偿意愿额明显高于草地。农户耕地受偿意愿额中，武威市农户受偿意愿额最高，达到 1270.33 元/亩/年，其次是民勤县 1102.48 元/亩/年、金昌市 921.20 元/亩/年、古浪县 905.98 元/亩/年、永昌县 820.54 元/亩/年。上游地区农户耕地受偿意愿估计值最高是天祝县，为 435.45 元/亩/年，肃南县为 347.16 元/亩/年。牧户草地受偿意愿额中，天祝县牧户草地受偿意愿估计值为 261.79 元/亩/年，肃南县为 109.23 元/亩/年。运用线性回归分析方法和分位数回归分析方法，农户受偿意愿额的影响因素包括农户年龄、受访者教育程度、家庭劳动力数量、家庭耕地/草地数量、家庭年收入、水资源紧缺程度、耕地草/地转换的生态效益评价、生态资本认知等。

第二节 研究不足与政策建议

一 研究不足

干旱内陆河流域生态环境对经济增长的约束越来越紧。本书提出干旱内陆河流域生态资本概念，即对人类福祉最为重要的生态服务资本化，对进一步开拓了干旱内陆河流域可持续发展研究的范围。

第一，估算石羊河流域生态资本供给量，选取更多的生态系统服务量纳入生态资本的研究视域。MA 根据人类从生态系统获益的原则，将生态系统服务划分了"供给服务""调节服务""文化服务""支持服务"，若将全部生态系统服务纳入生态资本补偿研究，带来的问题的生态资本数额巨大，导致生态资本补偿项目难以开展，同时还存在生态资本评估模型和计量口径一致性的问题。此外，Fisher 强调生态系统服务在不同的土地利用景观的数量和质量是不断发生变化的。而生态系统服务的产生是由相关的景观单元提供的，例如：流域、森林、草地等。那么，干旱内陆河流域不仅仅提供了水源涵养服务，而且流域荒漠生态系统的土壤和植被是最主要的碳库，为人类提供了固碳释氧服务功能。同时，石羊河流域地处我国腾格里沙漠和巴丹吉林沙漠交界处，流域土壤和植被能够有效减少风沙灾害，其防风固沙服务范围不仅仅局限于本流域，甚至我国北方地区的居民都从中受益。那么，在本书构思初始阶段，作者尝试从全面性原则出发，将固碳释氧和防风固沙服务纳入生态资本补偿研究，但存在以下几个方面的问题：一是固碳释氧和防风固沙服务都属于干旱内陆河流域比较重要的服务，但是其服务的范围空间，远远超过流域自身范围，导致上述服务的提供者和购买者在空间不一致，给后续的生态资本补偿带来的实施困难。二是防风固沙服务的供给量难以定量评估。现有的技术手段和方法，无非是借助遥感或者实地测量来确定防风固沙服务，其中，遥感技术手段虽然可以实现宏观区域尺度的定量，但是防风固沙受到区域风力、温度、湿度等气候因素影响，导致遥感获得的计量结果精准度较低。然而，实地测量确实可以满足防风固沙服务结果的精准度要求，但是难以应用到石羊河流域防风固沙服务供给量整体评估。而在未来研究中，随着生态系统服务定量研究技术和模型不断发展，可以很好地解决上述问题，能够让生态资本研究的内涵和外延不断深入。

第二，生态资本补偿过程中土地转换情景设置应该更加多元化。研究之初，部分学者从对土地利用情景设置考虑了草地禁牧，即通过草地禁牧措施实现中低覆盖度的草地向高覆盖度草地转换，也有部分学者考虑了退耕还林（草）情景，将退化耕地向林地和草地转换。那么，本书根据石羊河流域的特征，从多元化角度出发，在吸收已有研究成果的基础上，在土地设置情景中既考虑了草地转换的需要，也考虑了耕地转换的情景，以此考察土地转换与生态资本供给量的关系，以此确定本书需要解决的核心问题——生态资本补偿目标。但是，这种土地情景设置远远不能满足石羊河流域生态资本补偿实施的要求土地类型多元化的特征。未来研究中，论文可以设置多样土地利用情景，以此考察土地转换与生态资本供给量之间的关系。首先，本书设置了草地转换可以遵循过渡性原则，即低覆盖度草地向中覆盖度草地转换，中覆盖草地向高覆盖度草地转换；退耕还林（草）可以细分为，退耕还林转换情景和退耕还草情景。其次，从现有土地类型来看，石羊河流域的未利用土地占到国土总面积的60%以上，未来是否有可能提供未利用土地的利用率，通过沙化土地封禁保护工程，将未利用土地转换为生态用地，以此提高生态资本供给量。据此，基于更为多元化的土地转换情景，来考察生态资本供给量 e 的变化。

第三，需要更多关注生态资本补偿效率问题。公平和效率始终是经济学研究需要关注的核心问题。从主要核心结论来看，石羊河流域上游祁连山区的生态资本供给量明显要高于中下游。如最高的天祝县生态资本供给量是民勤县的几倍之多，中央政府在石羊河流域提供每单位的生态补偿资金，获取的生态资本供给量是存在明显差异的。那么，生态资本补偿需要解决的一个核心问题，即生态资本补偿优先级。对于购买者中央政府来说，在确立石羊河流域生态资本补偿目标的时候，既希望于通过补偿政策获得生态资本供给量持续增加，同时也希望在投入的单位补偿资金中，获得最大的投资收益效率。在未来研究中，则需要更多关注生态资本补偿效率问题。

二 政策建议

目前，干旱内陆河流域对人类提供的生态资本在很多情况下是免费的。从产权角度来看，生态资本属于国家或者集体所有，但是在分配过程中存在不同程度的外部性问题。此时，就需要构建市场化的付费制度弥补生态资本外部性问题，同时需要激励农户自觉参与到土地利用转换项目，最大限度地增加单位面积土地的生态资本供给量。那么，就要在生态资本补偿中，加大土地利用转换的宣传力度，提高农户生态环境保护意识，改变落后的生产经营方式，减小农户对土地生计的依赖。农户是最贴近生态资本补偿政策的"践行者"，同时也是政策可持续的"检验者"，生态资本补偿政策必须做到生态资本供给量最大化与农户经济利益激励两方面统一，才能长久可持续地达到预期效果。因此，从政策完善角度看，在"退耕还林（草）""草地禁牧"等补偿政策执行中应重视农户的生计诉求，给予农户一定的就业机会和发展空间，提高农户生计多样性。生态资本补偿政策的目标不仅仅是生态资本保值和增值，而是调整流域农户行为与土地利用的关系，以及在土地转换过程中不同利益群体的关系。在生态资本补偿政策制定、实施和评估中，需要听取政策目标团体的反馈意见，尤其是周边农户广泛的参与来进行，这部分对政策执行和满意度评价很大程度上决定着政策目标实现。

附　　录

附录1　石羊河流域农户调查问卷

农牧户生计与生态资本价值补偿调查

调查地点：

县/市：　　　　　　　　乡/镇：　　　　　　　　村：

第A部分　个人和家庭基本情况调查

A1. 性别：

　　1. 男　　　　　　　　　　　　2. 女

A2. 年龄：＿＿＿＿＿＿岁

A3. 您是否有宗教信仰（　　　）

　　1. 没有　　　　　　　　　　　2. 有

A4. 婚姻状况：1. 未婚；2. 已婚；3. 其他（离婚或者丧偶等）

A5. 受教育状况（　　　）

　　1. 未受过教育；2. 小学；3. 初中；4. 高中；5. 高职（大专）；6. 大学本科及研究生以上

A6. 政治面貌是（　　　）

　　1. 群众；2. 民主党派；3. 共产党员；4. 团员

A7. 最近五年的身体健康状况（　　　）

　　1. 非常不健康；2. 不健康；3. 一般；4. 健康；5. 非常健康

A801. 家庭人口数量：＿＿＿＿＿＿人，A802. 需要赡养老人数量：＿＿＿＿＿＿

　　　　A803. 未成年子女数量：＿＿＿＿＿＿

A9. 家庭居住条件

　　A901 您的家庭住房面积：_____平方米

　　A902 住房结构（　　）

　　　　1. 帐篷；2. 土坯房；3. 砖木结构；4. 砖混结构；5. 钢筋混凝土结构

第 B 部分　家庭收入情况调查

B1. 2018 年您从事种植业的年收入（元/年）：

　　B101. 粮食作物收入_____

　　B102. 经济作物收入_____

　　B103. 耕地流转收入：_____

B2. 2018 年您从事畜牧业收入

　　B201. 活畜收入：1. 牛，卖_____头，合计：_____元

　　　　　　　　　　2. 羊，卖_____只，合计：_____元

　　　　　　　　　　3. 畜禽，卖_____只，合计：_____元

　　B202. 附带畜产品收入（牲畜毛皮、酥油等其他产品）：_____元/年

　　B203. 租出草场收入_____元/年；售卖饲草料收入_____元/年；售卖草药（虫草、贝母等）_____元/年

B301. 外出务工从事职业（　　）

　　1. 农业或者畜牧业；2. 加工制造业；3. 建筑业；4. 交通运输储藏；5. 批发零售业；6. 餐饮业；7. 社会服务业；8. 其他行业

B302. 2018 年外出务工收入：_____元/年

B303. 2018 年家庭成员外出务工数量：_____人

B4. 个体经营收入：_____元/年

B5. 转移性收入：_____元/年

　　B501 种粮补贴_____元/年

　　B502 牲畜繁育补贴_____元/年

　　B503 农机补助_____元/年

　　B504 低收入保障补贴_____元/年

第 C 部分　家庭生产情况调查

C1. 2018 年生产资料调查

C101. 土地面积：_____亩

自有耕地	流转耕地		农作物种植面积/（亩）		
	流出	流入	粮食作物	经济作物	其他作物

C102. 2018 年草地面积

自有草场	流转草场		农作物类型及种植面积/（亩）		
	流出	流入	放牧	禁牧	休牧

C2. 2018 年家庭牲畜基本情况

	总数	种群（公与母）	年产仔	销售（卖肉）	死亡
C201 牛					
C202 羊					
C203 马					
C204 猪					
C205 畜禽					

C206. 联户体规模_____户，哪一年组建_____，其中亲戚关系_____户

C207. 联户体内有_____人，其中老年人_____人，孩子_____人

C3. 您家拥有固定资产情况

类别	农具类型	数量	价格
C301. 种植业机械	播种机、脱扬机		
	犁铧、旋耕机		
C302. 养殖业机械	锄草粉碎机		
	饲料粉碎机和混合机		
	圈舍		
C303. 交通运输工具	农用机械		
	日常交通工具		

第 D 部分　家庭支出消费情况调查

D1. 2018 年您的家庭生活消费支出估计为＿＿＿＿元，其中各项支出情况如下：

家庭生活消费支出类别	金额（元/年）
D101. 家庭食物	
D102. 穿衣	
D103. 子女教育	
D104. 看病	
D105. 交通	
D106. 社会交际	

D2. 2018 年您的家庭种植生产消费支出估计为＿＿＿＿元。

家庭生产消费支出类别	金额（元）
D201. 农药化肥	
D202. 农用机械	
D203. 良种	

D3. 2018 年您家的畜牧业消费支出估计为＿＿＿＿元。

项目	数量	全部造（买）价（元）
D301. 种畜		
D302. 饲料		
D303. 牧草		
D304. 牲畜防疫和治疗		
D305. 雇工		

第 E 部分　被调查者对生态资本及价值补偿的认识

E1. 您了解生态资本是什么？例如：生态资本就是我们经常所认为的水资源或者能够产生水源的服务能力，河流的水从南部山区流出，供人们生活和生产。

　　1. 一无所知；2. 不太清楚；3. 一般；4. 较了解；5. 非常了解

E2. 您认为石羊河流域最重要的生态资本价值什么？（可多选）（　　　）

　　例如：生态资本价值是指对流域生产和生活具有贡献，并且这种价值具备一定稀缺性，还可以分辨和计量核算。

1. 水资源；2. 植被（森林或者草）；3. 土地（耕地、草地、林地或者荒漠）；4. 矿产资源（煤、石油、天然气等）

E3. 您觉得生态资本价值应该得到生态补偿吗？（　　　）

例如：生态资本价值补偿就是指通过植树造林、草地禁牧、退耕还草等生态建设工程，增加植被，改善生态环境，增加水资源或者水源涵养。

1. 应该；2. 不应该；3. 不清楚，难以回答

E4. 您是否希望得到生态资本价值补偿?（　　　）

1. 不希望；2. 希望；3. 无所谓

E5. 如果因为生态资本积累展开的生态建设导致您家庭造成了损失（　　　）例如，您的一些土地用作生态用地，而您不能再在原有土地上从事种植、放牧或其他经营活动，您希望每亩土地每年最少得到多少钱的经济补偿?

1.0 ~ 250 元；2. 251 ~ 500 元；3. 501 ~ 725 元；4. 726 ~ 1000 元；5. 1001 ~ 1500 元

（具体数额＿＿＿＿＿＿＿元）

E6. 生态资本价值补偿方式选择

E601. 如果您接受经济补偿，您希望得到的补偿方案是?（　　　）

1. 现金；2. 水电费减免；3. 财政补贴；4. 税收减免；5. 其他

E602. 若以非现金的方式接受生态补偿，以下补偿方式：（　　　）

1. 基础设施建设（如修路）；2. 土地补偿；3. 安排就业或提供就业指导；4. 安排搬迁；5. 提供生产资料；6. 提供生活资料；7. 优惠政策；8. 优惠贷款

您将第一选择＿＿＿＿＿＿＿＿＿＿＿

第二选择＿＿＿＿＿＿＿＿＿＿＿

第三选择＿＿＿＿＿＿＿＿＿＿＿

E7. 为了实现生态资本价值积累和增值，您是否愿意付出额外的费用支付（　　　）

1. 非常愿意；2. 很愿意；3. 愿意；4. 不愿意；5. 非常不愿意；6. 我对生态保护不感兴趣；7. 我对这种支付意愿调查不感兴趣；8.

其他

E10. 如果需要您参与生态建设工程，实现生态资本价值增加，您所希望
的支付方式是？（　　）

例如，石羊河流域为了提升水源涵养能力来增加生态资本价值，需
要建立生态资本投资交易市场，您是否希望拥有生态资本价值产权？
这种产权是可以在未来生态资本投资交易市场上自由地交易、抵押、
流转或者继承。

1. 希望拥有；2. 不希望拥有；3. 无所谓，难以回答

E11. 您对您所在区域实施的各项生态资本投资（　　）

例如：草原生态奖补政策、退耕还林（草）政策、沙化土地封禁保
护政策满意吗？

1. 非常不满意；2. 不满意；3. 一般；4. 满意；5. 非常满意

E12. 您认为可以将生态资源或者优质环境服务看作一种增值的资本吗？
（　　）

例如：森林和草地可以提供最大的水源涵养服务能力。

1. 可以；2. 不可以

E13. 您认为生态资本价值补偿的主体包括哪些？（　　）

例如：谁应该支付向农牧民给予的生态补偿资金，您希望获得谁的
生态补偿资金。

1. 中央政府；2. 地方政府；3. 企业；4. 社会团体；5. 个人

第 F 部分　被调查者对生态环境变化的感知

F1. 在您日常的生产、生活中生态环境是否重要？（　　）例如：清洁和
足够的水源，没有沙尘暴

1. 非常不重要；2. 不重要；3. 一般；4. 重要；5. 非常重要

F2. 安排生产、生活时是否考虑对生态因素的影响？（　　）例如：最近
一周内的降雨情况、温度、湿度等气象要素变化，或者考虑耕地墒
情、土壤有机质含量等因素。

1. 不考虑；2. 偶尔；3. 经常

F3. 在您日常的生产生活中，您认为哪一个更重要？（　　）例如：牺牲
自己的耕地用于国家生态建设（前提的是国家有一定的生态补偿补
助）。

1. 经济发展；2. 生态保护；3. 二者同样重要

F4. 近10年来，您自己家或者周边的自然草地变化情况如何？（　　　） 例如：草地植被种类增多或者减少，或者植被覆盖度越来越高了。

1. 恶化很多；2. 恶化；3. 没变化；4. 好转；5. 好转很多

F5. 你认为近几年来你所在地区与十几年前或小时候降雨量有变化吗？（　　　）

1. 有变化，降雨减少了；2. 基本没有变化；3. 有变化，降雨增加了

F6. 你认为近几年来你所在地区与十几年前或小时候气温有变化吗？（　　　）

1. 气温降低；2. 没有变化；3. 气温高了

F7. 近十年来，您家村庄的面积增加了，还是减少了？（　　　） 例如：

1. 减少许多；2. 减少一些；3. 没变化；4. 往外增加一些；5. 往外增加许多

F801. 您家距离最近的沙漠地带 _____公里

F802. 您家距离最近的河道_____公里

附录2　石羊河流域社区情况调查问卷

村庄（社区）基本情况调查

A1. 行政区位：_____

A2. 地理坐标：_____

A3. 地理位置

　　A301. 距离县城：_____　　　A302. 距离乡镇府：_____

　　A303. 距离医疗点：_____　　　A304. 距离学校：_____

　　A305. 距离商业中心：_____

　　A306. 是否有公交车（线路车）？（　　）1. 有；2. 无

A4. 调查村的区位属于_____

　　1. 牧区村；2. 农耕村；3. 县市郊区（乡镇）村

A5. 您村户籍村农牧民户数为_____户。

　　A501. 人口为_____人，

　　A502. 其中男性_____人，

　　A503. 女性_____人。

　　A504. 本村外出务工人数为_____人。

　　A505. 本村有党员_____人。

A6. 你们村农民的人均收入大约是_____元/年/人

A7. 你们村农民收入的第一来源是（　　）

　　1. 农业（放牧）；2. 外出务工；3. 家庭非农经营；4. 转移支付性收入；5. 财产性收入；6. 其他_____

A8. 您村耕地总面积为_____亩。

　　A801 农作物播种面积（粮食＋经济作物＋其他作物）_____亩，

　　A802. 林地面积（包括退耕还林）_____亩。

A9. 草场面积_____亩。

　　A701. 禁牧_____亩，A702. 休牧_____亩，

　　A703. 划区轮牧_____亩

　　A704. 季节草场之间有无围栏界限？（　　）1. 无；2. 有

　　A705. 联户体内有无组织集体的草地治理活动？（　　）1. 无；2. 有

A10. 村支书每月的工资为_____元，A801 村小组长月工资为_____元。

A11. 您村是否属于深度贫困村？_____（是或否）。

  A901. 您村低保户有_____户，_____人。

  A902. 建档立卡贫困户_____户，_____人。

A12. 村集体收入_____万元

  村集体收入的主要来源是（ ）（可多选，限两项）

  1. 村办企业；2. 财政拨款；3. 村集体土地和资产承包/出租；

  4. 其他_____

A13. 村集体支出_____万元

  村集体支出的主要用途是（ ）（可多选，限两项）

  1. 基础设施建设；2. 办公费用；3. 村干部工资；

  4. 公益事业；5. 其他_____

A14. 社区电力、通信服务情况（ ）

  1. 没通电；2. 经常中断；3. 偶尔中断；4. 几乎未中断

A15. 您家人畜饮水的来源是（ ）

  1. 江河湖水；2. 井水或山泉水；3. 自来水；4. 矿泉水；

  5. 雨水/水窖；6. 池塘水

A16 垃圾处理方式（ ）

  1. 随处倾倒；2. 自己焚烧处理；3. 附近河沟；4. 公共垃圾箱；

  5. 专人收集

附录3　石羊河流域考察提要及访谈录音整理报告

石羊河流域农牧民与管护人员访谈提纲

考察时间：2019 年 4 月 25 号至 5 月 5 号

考察范围：根据考察路线安排，先后对石羊河流域的退耕还林还草区域、草地禁牧区域进行考察。

考察方式：田野调查、深入访谈

参与人员：韦惠兰教授　　　　罗万云

访谈提纲

（1）基本情况

①近几年，当地的耕地、草地、林地等其他土地的覆盖情况。

②当地管护人员数量、结构以及管护面积。

③当地重要动植物的分布情况。

④当地的人口数、人口结构以及农业生产变化。禁牧和草畜平衡区域的选址依据的自然地理状况。

（2）实施情况

①草地禁牧和草畜平衡工程建设规划和实施情况。

②土地利用转换过程中，农牧户的经济利益是否受到损失，程度如何？农牧户受到哪些潜在风险威胁？

③土地转换区采取何种生态建设方式？取得了怎样的效果？

④实际治理中，各项工程措施的实施难度如何？遇到过哪些困难？采取哪些措施克服困难？

⑤土地利用转换工程实施前，当地的生态环境如何？随着生态工程的建设，当地的生态环境是否取得改善？

（3）未来的规划

①从长远来看，土地利用转换工程应从哪方面改善和提高？

②如何保证土地利用转换项目的可持续性？

③土地利用转换项目的未来预期指标还有哪些？

④土地利用转换项目过程中，本县取得过哪些好的经验能够增加生态资本的做法？

附录 4 资料清单

4-1 自然地理和经济社会基础资料

    4-1-1 2000 年和 2015 年石羊河流域及周边共 14 个气象站点月降雨量数据。

    4-1-2 2000 年和 2015 年石羊河流域及周边共 14 个气象站点日最高温、最低温、平均气温、平均风速、平均相对适度、日照时数、日照百分率数据。

    4-1-3 第二次世界土壤普查数据库

    4-1-4 石羊河流域 DEM 高程数据

    4-1-5 2000 年和 2015 年石羊河流域土地利用数据（100m×100m）

    4-1-6 2000 年和 2015 年石羊河流域 TM 遥感数据

    4-1-7 石羊河流域水系矢量图、行政边界矢量图（数据来源：中国科学院生态环境研究中心）

    4-1-8 武威市、金昌市、永昌县、民勤县、古浪县、肃南县、天祝县 2000—2018 年统计年鉴

    4-1-9 武威市、金昌市、永昌县、民勤县、古浪县、肃南县、天祝县 2010—2018 年政府工作报告

    4-1-10 《武威市县志》和《金昌市志》

4-2 退耕还林（草）工程实施资料

    4-2-1 《甘肃省 2017 年退耕还林（草）工程实施方案》

    4-2-2 《甘肃省武威市 2016 年退耕还林（草）工程实施方案》

    4-2-3 《甘肃省金昌市 2016 年退耕还林（草）工程实施方案》

    4-2-4 《甘肃省肃南县 2018 年退耕还林（草）工程实施方案》

    4-2-5 《古浪县 2018 年退耕还林（草）工作总结》

4-3 草原生态保护奖励机制政策资料

    4-3-1 《甘肃省祁连山生态保护欲建设草地治理 2019 年预算内投资计划绩效目标》

    4-3-2 《甘肃省 2018 年退牧还草工程实施方案》

    4-3-3 《甘肃省 2017 年草原生态保护奖励政策实施方案》

4 - 4　石羊河流域规划资料

　　4 - 4 - 1　《石羊河流域 2017 年水资源统计公报》

　　4 - 4 - 2　《石羊河流域综合治理规划 2007—2020 年》

　　4 - 4 - 3　《石羊河流域生态保护与建设保护规划 2010—2020》

附录 5 实地考察和调研照片

**2017 年 5 月 15—25 日在石羊河流域中下游古浪县、
凉州区、武威市、金昌市展开问卷调查**

**2018 年 7 月 15—20 日在石羊河流域中下游永昌县、
民勤县展开问卷调查**

2019 年 5 月 13—21 日在石羊河流域上游天祝县和
肃南县展开问卷调查

2017 年 5 月石羊河中下游生态基线调查

2019 年考察石羊河流域天祝县和肃南县生态基线

参考文献

保罗·萨缪尔森、威廉·诺德豪斯：《经济学》（第十六版），华夏出版社
　　1999 年版。

陈百明、黄兴文：《中国生态资产评估与区划研究》，《中国农业资源与区
　　划》2003 年第 6 期。

陈国阶：《论生态建设》，《中国环境科学》1993 年第 13 期。

陈姗姗：《南水北调水源区水源涵养与土壤保持生态系统服务功能研究》，
　　博士学位论文，西北大学，2016 年。

陈尚、任大川等：《海洋生态资本概念与属性界定》，《生态学报》2010
　　年第 23 期。

陈尚、任大川等：《海洋生态资本概念与属性界定》，《生态学报》2010
　　年第 23 期。

陈尚、任大川等：《海洋生态资本理论框架下的生态系统服务评估》，《生
　　态学报》2013 年第 19 期。

陈煦江、胡庭兴：《生态资本计量探讨》，《林业财务与会计》2004 年第
　　9 期。

陈亚宁：《干旱荒漠区生态系统与可持续管理》，科学出版社 2009 年版。

陈亚宁、郝兴明等：《干旱区内陆河流域的生态安全与生态需水量研
　　究——兼谈塔里木河生态需水量问题》，《地球科学进展》2008 年第
　　23 期。

陈亚宁、杨青等：《西北干旱区水资源问题研究思考》，《干旱区地理》
　　2012 年第 1 期。

陈勇：《人类生态学原理》，科学出版社 2012 年版。

程国栋:《黑河流域:水、生态、经济系统综合管理研究》,科学出版社
　2009 年版。

崔胜辉、洪华生等:《生态安全研究进展》,《生态学报》2005 年第
　25 期。

大卫·休谟:《人性论》(下册),陕西师范大学出版社 2009 年版。

邓远建:《区域生态资本运营机制研究》,中国社会科学出版社 2014
　年版。

邓远建、张陈蕊、袁浩:《生态资本运营机制:基于绿色发展的分析》,
　《中国人口·资源与环境》2012 年第 22 期。

杜国英、陈尚等:《山东近海生态资本价值评估——近海生物资源现存量
　价值》,《生态学报》2011 年第 19 期。

范金:《可持续发展下的最优经济增长》,经济管理出版社 2002 年版。

范金、周忠民、包振强:《生态资本研究综述》,《预测》2000 年第 19 期。

范如国:《博弈论》,武汉大学出版社 2011 年版。

方恺、Heijungs Reinout:《自然资本核算的生态足迹三维模型研究进展》,
　《地理科学进展》2012 年第 12 期。

傅娇艳、丁振华:《湿地生态系统服务、功能和价值评价研究进展》,《应
　用生态学报》2007 年第 18 期。

高吉喜、范小杉:《生态资产概念、特点与研究趋向》,《环境科学研究》
　2007 年第 5 期。

格蕾琴·C. 戴利、凯瑟琳·埃利森:《新生态经济:使环境保护有利可图
　的探索》,上海科技教育出版社 2005 年版。

过建春:《自然资源与环境经济学》,中国林业出版社 2008 年版。

胡聘:《从生产资产到生态资产:资产—资本完备性》,《地球科学进展》
　2004 年第 2 期。

胡聘:《生态资产核算的综合方法与应用——以太湖流域为例》,博士学
　位论文,中国科学院生态环境研究中心,2001 年。

黄铭:《生态资本理论研究》,硕士学位论文,合肥工业大学,2005 年。

黄如良:《生态产品价值评估问题探讨》,《中国人口·资源与环境》2015
　年第 3 期。

金淑婷、杨永春等:《内陆河流域生态补偿标准问题研究——以石羊河流

域为例》，《自然资源学报》2014 年第 29 期。

李海涛、许学工、肖笃宁：《基于能值理论的生态资本价值——以阜康市天山北坡中段森林区生态系统为例》，《生态学报》2005 年第 6 期。

李宏伟：《美国生态保护补贴计划》，《全球科技经济瞭望》2004 年第 8 期。

李辉霞、刘国华、傅伯杰：《基于 NDVI 的三江源地区植被生长对气候变化和人类活动的响应研究》，《生态学报》2011 年第 19 期。

李林：《生态资源可持续利用的制度分析》，博士学位论文，四川大学，2006 年。

李林：《生态资源可持续利用的制度经济学分析》，《生态经济》2005 年第 7 期。

李萍、张雁：《论西部开发中的环境资本》，《社会科学研究》2001 年第 3 期。

李双成、张才玉等：《生态系统服务权衡与协同研究进展及地理学研究议题》，《地理研究》2013 年第 32 期。

李文刚、罗剑朝、朱兆婷：《退耕还林政策效率与农户激励的博弈均衡分析》，《西北农林科技大学学报》（社会科学版）2005 年第 5 期。

李宗礼：《干旱内陆河流域水资源管理中的几个重要问题研究：以石羊河为例》，中国科学院地理科学与资源研究所，2010 年。

梁士楚、李铭红：《生态学》，华中科技大学出版社 2015 年版。

刘加林、朱邦伟、李淑君：《区域生态资本运营绩效评价指标体系及实证研究》，《中国地质大学学报》（社会科学版）2014 年第 4 期。

刘平养：《自然资本的替代性研究》，《复旦大学》2008 年。

刘思华：《对可持续发展经济的理论思考》，《经济研究》1997 年第 3 期。

刘思华、刘泉：《绿色经济导论》，同心出版社 2004 年版。

刘向华：《我国排污权交易理论及其运用的探讨》，硕士学位论文，河南农业大学，2002 年。

吕一河、胡健等：《水源涵养与水文调节：和而不同的陆地生态系统水文服务》，《生态学报》2015 年第 15 期。

吕一河、胡健等：《水源涵养与水文调节：和而不同的陆地生态系统水文服务》，《生态学报》2015 年第 35 期。

马金珠、高前兆:《西北干旱区内陆河流域水资源系统与生态环境问题》,《干旱区资源与环境》1997 年第 4 期。

马克平:《试论生物多样性的概念》,《生物多样性》1993 年第 1 期。

曼昆梁小民:《经济学原理》(上册),机械工业出版社 2006 年版。

米都斯、丹尼斯、李宝恒:《增长的极限》,吉林人民出版社 1997 年版。

牛新国、杨贵生等:《略论生态资本》,《中国环境管理》2002 年第 1 期。

牛新国、杨贵生等:《生态资本化与资本生态化》,《经济论坛》2003 年第 3 期。

诺伊曼:《博弈论与经济行为》,生活·读书·新知三联书店 2004 年版。

欧阳志云、王效科:《中国陆地生态系统服务功能及其生态经济价值的初步研究》,《生态学报》1999 年第 19 期。

潘耀忠、史培军等:《中国陆地生态系统生态资产遥感定量测量》,《中国科学》(D 辑:地球科学) 2004 年第 4 期。

庞巴维克,V. E.:《资本实证论》,商务印书馆 1964 年版。

彭宏伟:《再谈马克思哲学视野中的资本概念》,《理论视野》2014 年第 5 期。

乔飞、富国等:《三江源区水源涵养功能评估》,《环境科学研究》2018 年第 6 期。

屈志光、严立冬:《城镇生态资本效率测度及其区域差异分析:生态经济与美丽中国——中国生态经济学学会成立 30 周年暨 2014 年学术年会》,《中国北京》2014 年。

任大川:《海洋生态资本评估及可持续利用研究》,硕士学位论文,中国海洋大学,2011 年。

任勇:《中国生态补偿理论与政策框架设计》,中国环境科学出版社 2008 年版。

萨卡萨拉、萨卡、张淑兰:《生态社会主义还是生态资本主义》,山东大学出版社 2012 年版。

邵全琴、赵志平等:《近30 年来三江源地区土地覆被与宏观生态变化特征》,《地理研究》2010 年第 8 期。

沈大军、梁瑞驹等:《水资源价值》,《水利学报》1998 年第 5 期。

史培军:《土地利用/覆盖变化与生态安全响应机制》,科学出版社 2004

年版。

世界环境与发展委员会：《我们共同的未来》，吉林人民出版社 1997
年版。

帅传敏、王静、程欣：《三峡库区移民生态减贫策略的优化仿真研究》，
《数量经济技术经济研究》2017 年第 1 期。

宋冬梅、肖笃宁等：《甘肃民勤绿洲的景观格局变化及驱动力分析》，《应
用生态学报》2003 年第 14 期。

宋敏：《耕地资源利用中的环境成本分析与评价——以湖北省武汉市为
例》，《中国人口·资源与环境》2013 年第 23 期。

孙冬煜、王震声：《自然资本与环境投资的涵义》，《环境保护》1999 年
第 5 期。

王海滨、邱化蛟等：《实现生态服务价值的新视角（一）——生态服务的
资本属性与生态资本概念》，《生态经济》2008 年第 6 期。

王海滨：《生态资本及其运营的理论与实践》，博士学位论文，中国农业
大学，2005 年。

王晓峰、吕一河、傅伯杰：《生态系统服务与生态安全》，《自然杂志》
2012 年第 1 期。

王翊：《从山地生态资源的特点看山区经济开发的特殊性》，《生态经济》
1989 年第 5 期。

王玉纯、赵军等：《石羊河流域水源涵养功能定量评估及空间差异》，《生
态学报》2018 年第 13 期。

王玉纯、赵军等：《石羊河流域水源涵养功能定量评估及空间差异》，《生
态学报》2018 年第 13 期。

《环境科学大辞典》编辑委员会：《环境科学大辞典》，中国环境科学出版
社 1991 年版。

武晓明、罗剑朝、邓颖：《生态资本及其价值评估方法研究综述》，《西北
农林科技大学学报》（社会科学版）2005 年第 4 期。

武晓明：《西部地区生态资本价值评估与积累途径研究》，《西北农林科技
大学》2005 年。

肖笃宁、陈文波、郭福良：《论生态安全的基本概念和研究内容》，《应用
生态学报》2002 年第 13 期。

谢林赵华：《冲突的战略》，华夏出版社 2006 年版。

谢中华：《MATLAB 统计分析与应用》第 2 版，北京航空航天大学出版社 2015 年版。

熊萍、陈伟琪：《机会成本法在自然环境与资源管理决策中的应用》，《厦门大学学报》（自然版）2004 年第 43 期。

徐嵩龄：《生态资源破坏经济损失计量中概念和方法的规范化》，《自然资源学报》1997 年第 2 期。

徐中民：《甘肃省典型地区生态补偿机制研究》，中国财政经济出版社 2011 年版。

徐中民、张志强等：《环境选择模型在生态系统管理中的应用——以黑河流域额济纳旗为例》，《地理学报》2003 年第 58 期。

严立冬、陈光炬等：《生态资本构成要素解析——基于生态经济学文献的综述》，《中南财经政法大学学报》2010 年第 5 期。

严立冬、邓远建、屈志光：《绿色农业生态资本积累机制与政策研究》，《中国农业科学》2011 年第 44 期。

严立冬、刘加林、陈光炬：《生态资本运营价值问题研究》，《中国人口·资源与环境》2011 年第 1 期。

严立冬、屈志光、方时姣：《水资源生态资本化运营探讨》，《中国人口·资源与环境》2011 年第 12 期。

严立冬、屈志光、黄鹂：《经济绿色转型视域下的生态资本效率研究》，《中国人口、资源与环境》2013 年第 23 期。

严立冬、谭波、刘加林：《生态资本化：生态资源的价值实现》，《中南财经政法大学学报》2009 年第 2 期。

严也舟：《自然资本研究综述》，《财会通讯》2017 年第 22 期。

杨怀宇、李晟、杨正勇：《池塘养殖生态系统服务价值评估——以上海市青浦区常规鱼类养殖为例》，《资源科学》2011 年第 3 期。

尹云鹤、吴绍洪等：《过去30 年气候变化对黄河源区水源涵养量的影响》，《地理研究》2016 年第 1 期。

张永民、赵士洞：《全球荒漠化的现状、未来情景及防治对策》，《地球科学进展》2008 年第 23 期。

张永坤：《基于环境重置成本法的荒漠生态补偿价值计量研究》，硕士学位论文，兰州财经大学，2015 年。

张志强、徐中民、程国栋：《条件价值评估法的发展与应用》，《地球科学进展》2003 年第 18 期。

张竹君：《鄱阳湖地区生态资本及其运营问题研究》，硕士学位论文，南昌大学，2012 年。

赵玲、王尔大、苗翠翠：《ITCM 在我国游憩价值评估中的应用及改进》，《旅游学刊》2009 年第 24 期。

赵晓丽、范春阳、王予希：《基于修正人力资本法的北京市空气污染物健康损失评价》，《中国人口·资源与环境》2014 年第 3 期。

赵志远：《生态资本支持下的区域经济增长研究》，硕士学位论文，中国海洋大学，2012 年。

中国科学院环境科学委员会：《关于加强生态环境建设的意见》，《生态学杂志》1989 年第 5 期。

中国生态补偿机制与政策研究课题组：《中国生态补偿机制与政策研究》，科学出版社 2007 年版。

钟甫宁：《世界粮食危机引发的思考》，《农业经济问题》2009 年第 30 卷第 4 期。

周洪钧：《〈京都议定书〉生效周年述论》，《法学》2006 年第 3 期。

宗鑫：《青藏高原东部草原生态建设补偿区域的优先级判别研究——以玛曲县、若尔盖县、红原县、阿坝县为例》，中国经济出版社 2016 年版。

DB11 DB11/T1099 - 2014《林业生态工程生态效益评价技术规程》[S]。

Lindeman Raymond Laurel：《生态学中的营养动力论》，高等教育出版社 2016 年版。

Odum Eugene P. , Barrett Gary W. ：《生态学基础》，高等教育出版社 2009 年版。

PaulHawken, Hawken, 王乃粒：《自然资本论》，上海科普出版社 2000 年版。

Sen Amartya Kumar, 任赜、于真：《以自由看待发展》，中国人民大学出版社 2002 年版。

Tietenberg Thomas H. , Lewis Lynne, 王晓霞：《环境与自然资源经济学》（第八版），2011 年。

Adamowicz W. , Louviere J. , Williams M. , "Combining Revealed and Stated Preference Methods for Valuing Environmental Amenities", *Journal of Environmental Economics & Management*, Vol. 26, No. 3, 1994.

Anne H. , *Population resources environment*, W. H. Freeman, 1970.

Antle J. , Capalbo S. , Mooney S. , et al. , "Spatial Heterogeneity, Contract Design, and the Efficiency of Carbon Sequestration Policies for Agriculture", *Journal of Environmental Economics & Management*, Vol. 46, No. 2, 2003.

Antle J. , Valdivia R. , "Modelling the Supply of Ecosystem Services from Agriculture: A Minimum-data Approach", *Australian Journal of Agricultural and Resource Economics*, Vol. 50, 2006.

Bern L. , "Creation and concentration of natural capital: two examples", *Ambio*, Vol. 43, No. 12, 1993.

Bovenberg A. L. , Smulders S. , "Environmental quality and pollution – augmenting technological change in a two – sector endogenous growth model", *Recent Developments in Environmental Economics*, Vol. 57, No. 3, 1995.

Buchanan J. M. , Stubblebine W. C. , "Externality", *Economica*, Vol. 29, No. 116, 1962.

Burkhard B. , Kroll F. , Müller F. , et al. , "Landscapes' Capacities to Provide Ecosystem Services-a Concept for Land-cover Based Assessments", *Landscape Online*, Vol. 15, No. 1, 2009.

Canadell J. , Jackson R. B. , Ehleringer J. B. , et al. , "Maximum rooting depth of vegetation types at the global scale", Oecologia, Vol. 108, No. 4, 1996.

Ceschia E. , Béziat P. , Dejoux J. F. , et al. , "Management Effects on Net Ecosystem Carbon and GHG Budgets at European Crop Sites", *Agriculture, Ecosystems & Environment*, Vol. 139, No. 3, 2010.

Costanza R. , Daly H. E. , "Natural Capital and Sustainable Development", *Conservation Biology*, Vol. 6, No. 1, 2010.

Costanza R. , Daly H. E. Natural Capital and Sustainable Development, *Conservation Biology*, Vol. 6, No. 1, 2010.

Costanza R. , D'Arge R. , de Groot R. , et al. , "The value of the worlds ecosystem services and natural capital", *Nature*, 1997, 387: 253.

Costanza R. , D'Arge R. , Groot R. D. , et al. , "The value of the world's eco-system services and natural capital ", *World Environment*, Vol. 378, No. 1, 1999.

Costanza R. , "Ecological Economics: the Science and Management of Sustain-ability", *American Journal of Agricultural Economics*, Vol. 7, No. 7, 1991.

Daily G. C. , "Nature's Services: Societal Dependence on Natural Ecosystems", *Pacific Conservation Biology*, Vol. 6, No. 2, 1997.

Daly H. E. , "Beyond growth: the economics of sustainable development", *Economia E Sociedade*, Vol. 29, No. 4, 1996.

Domar E. D. , "Capital Expansion, Rate of Growth, and Employment", *Econometrica*, Vol. 14, No. 2, 1946.

Dominati E. , Patterson M. , Mackay A. , "A framework for classifying and quantifying the natural capital and ecosystem services of soils", *Ecological Economics*, Vol. 69, No. 9, 2010.

Ekins P. , Simon S. , Deutsch L, et al. , "A framework for the practical appli-cation of the concepts of critical natural capital and strong sustainability", *Ecological Economics*, Vol. 44, No. 2, 2003.

England R. W. , "Natural capital and the theory of economic growth", *Ecological Economics*, Vol. 34, No. 3, 2000.

Falkenmark M. , "Human Livelihood Security Versus Ecological Security-An Ecohydrological Perspective. Proceedings, SIWI Seminar, Balancing Human Security and Ecological Security Interests in a Catchment-Towards Upstream/Downstream Hydrosolidarity", Stockholm, Sweden: Stockholm International Water Institute, 2002.

Folke C. , "Entering Adaptive Management And Resilience Into The Catchment Approach. Proceedings, SIWI Seminar, Balancing Human Security and Eco-logical Security Interests in a Catchment-Towards Upstream/Downstream Hydrosolidarity", Stockholm, Sweden: Stockholm International Water Insti-tute, 2002.

Gordon H. S. , "The economic theory of a common – property resource: The fishery", *Bulletin of Mathematical Biology*, Vol. 53, No. 1 – 2, 1991.

Groot R. S. D. , "Functions of Nature: Evaluation of Nature in Environmental Planning, Management and Decision Making", *Ecological Economics*, Vol. 14, No. 3, 1992.

Gupta S. C. , Larson W. E. , "Estimating Soil Water Retention Characteristics From Particle Size Distribution, Organic Matter Percent, and Bulk Density", *Water Resources Research*, Vol. 15, No. 6, 1979.

Harsanyi J. , "Journal of Political Economy", *Journal of Political Economy*, Vol. 120, No. 4, 2012.

Herfindahl O. C. , Kneese A. V. , "Quality of the environment: an economic approach to some problems in using land, water and air", No. 7, 1965.

Hicks J. , "Capital Controversies: Ancient and Modern", *American Economic Review*, Vol. 64, No. 64, 1974.

Holdren J. P. , Ehrlich P. R. , "Human Population and the Global Environment", *American Scientist*, Vol. 62, No. 3, 1974.

Immerzeel W. , Stoorvogel J. , Antle J. , "Can Payments for Ecosystem Services Secure the Water Tower of Tibet?", *Agricultural Systems*, Vol. 96, No. 1, 2008.

J. L. , J. P. , *Man's Impact on the Globa l Environment: Assessment and Recommendations for Action Report of the Study of Critical Environmental Problems*, Cambridge MA: MIT Press, 1970.

Johst K. , Drechsler M. , Wätzold F. , "An Ecological – economic Modelling Procedure to Design Compensation Payments for the Efficient Spatio – temporal Allocation of Species Protection Measures", *Ecological Economics*, Vol. 41, No. 1, 2002.

Kremen C. , M. Williams N. , Aizen M. , et al. , "Pollination and Other Ecosystem Services Produced by Mobile Organisms: A Conceptual Framework for the Effects of Land-use Change", *Ecology Letters*, Vol. 10, 2007.

Larson J. S. , Mazzarese D. B. , "Rapid Assessment of Wetlands: History and Application to Management", 1994.

McCarthy, James J. IPCC-Intergovernmental Panel on Climate Change. Climate

Change. Impacts, Adaptation and Vulnerability. A Contribution of Working Group II to the Third Assessment Report of the Intergovernmental Panel on Climate Change (IPCC). Cambridge: Cambridge University, *Contribution of Working Group II to the Third Assessment Report*, Vol. 19, No. 2, 2001.

Mcneely T. B., Turco S. J., "Requirement of Lipophosphoglycan for Intracellular Survival of Leishmania Donovani within Human Monocytes", *Journal of Immunology*, Vol. 144, No. 7, 1990.

Millennium E. A., "*Ecosystems and Human Well – Being: General Synthesis*", Washington D. C.: Island Press, World Resources Institute, 2005.

Monfreda C, Wackernagel M, Deumling D. Establishing national natural capital accounts based on detailed Ecological Footprint and biological capacity assessments, *Land Use Policy*, Vol. 21, No. 3, 2004.

Novacek M. J., *Cranioskeletal Features in Tupaiids and Selected Eutheria as Phylogenetic Evidence*, Springer US, 1980.

Odum H. T., "Environmental accounting: EMERGY and environmental decision making", *Child Development*, Vol. 42, No. 4, 1996.

Otieno M., Woodcock B. A., Wilby A., et al., "Local Management and Landscape Drivers of Pollination and Biological Control Services in a Kenyan Agro-ecosystem", *Biological Conservation*, Vol. 144, No. 10, 2011.

Ouyang Z., Zheng H., Xiao Y., et al., "Improvements in ecosystem services from investments in natural capital", *Science*, Vol. 352, No. 6292, 2016.

Pearce D. Economics, "equity and sustainable development", *Futures*, Vol. 20, No. 6, 1988.

Pearce D. W., And G. D. A., Dubourg W. R., "The Economics of Sustainable Development", *Annual Review of Energy & the Environment*, Vol. 19, No. 1, 1994.

Press C. U., *The economics of climate change: the Stern review*, Cambridge University Press, 2008.

Raymond C. M., Bryan B. A., Macdonald D. H., et al., "Mapping community values for natural capital and ecosystem services", *Ecological Economics*, Vol. 68, No. 5, 2009.

Rees W. E. , "Ecological footprints and appropriated carrying capacity: what urban economics leaves out", *Focus*, Vol. 62, No. 2, 1992.

Roseta – Palma C. , Ferreira – Lopes A. , Sequeira T. N. , "Externalities in an endogenous growth model with social and natural capital", *Ecological Economics*, Vo. 69, No. 3, 2010.

Roy H. , "An Essay in Dynamic Theory", *Economic Journal*, Vol. 49, 1939.

Tallis HT, Ricketts T. , Guerry AD et al. , "InVEST2. 1 Beta User's Guide. The Natural Capital Project", Stanford, 2011.

"The Williamstown Study of Critical Environmental Problems", *Bulletin of the Atomic Scientists*, 1970.

Turner R. K. , Daily G. C. , "The Ecosystem Services Framework and Natural Capital Conservation", *Environmental & Resource Economics*, Vol. 39, No. 1, 2008.

Turner R. , *Valuation of Wetland Ecosystems*, Springer Netherlands: 1991.

van Noordwijk M. , Leimona B. , "Principles for Fairness and Efficiency in Enhancing Environmental Services in Asia: Payments, Compensation, or Co – Investment?", *Ecology and Society*, 2010.

Verburg P. H. , van de Steeg J. , Veldkamp A. , et al. , "From Land Cover Change to Land Function Dynamics: A Major Challenge to Improve Land Characterization", *Journal of Environmental Management*, Vol. 90, No. 3, 2009.

Vogt W. , "Road to Survival", *Soil Science*, Vol. 67, No. 1, 1948.

Vogt W. , "Road to Survival", *Soil Science*, Vol. 67, No. 1, 1949.

Wackernagel M. , Monfreda C. , Schulz N. B. , et al. , "Calculating national and global ecological footprint time series: resolving conceptual challenges", *Land Use Policy*, Vol. 21, No. 3, 2004.

Wackernagel M. , Onisto L. , Bello P. , et al. , "National natural capital accounting with the ecological footprint concept", *Ecological Economics*, Vol. 29, No. 3, 1999.

致　　谢

　　当我站在兰大积石楼前，看着夕阳燃烧散落的光芒，恍然发现自己脱去了昨日的惆怅，这里的一草一木，一书一页全部化作生命里的不可或缺。光阴荏苒，我们追逐飞驰的时光，生猛如洪，不问明天，那个苦叹离家千里何时归的少年，在单枪匹马我独行的日子里迅速成长。

　　首先，在我博士论文即将完成之时，最应该感谢我的导师——兰州大学经济学院韦惠兰教授。老师心系祖国大地的治学精神，对待学术严谨的态度，是我做学问、做人的榜样。韦老师在辅导我论文构思、定题、订工作计划等方面付出了巨大的心血。学生深深地感谢您付出的一切。未来，希望您身体安康，阖家幸福。

　　非常感谢兰州大学经济学院郭爱君教授、钟方雷研究员、姜安印教授、岳立教授、魏莉丽教授、中南财经大学邓远建副教授等各位老师对我论文的指导和帮助。感谢本论文涉及的一线管护队员和农户在论文调研中给予的帮助。感谢未曾谋面的三位外审专家对我研究的认可；感谢经济学院朱璠老师、肖敏老师、谢林会老师对我学业的支持。

　　感谢王光耀、杨彬如、赵龙、周夏伟、宗鑫、夏文斌、祁应军、王茜、杨新宇、艾丽、贾哲、韩雪、白雪等人在论文数据调查和整理中的帮助。感谢山东大学黄宏运同学、成都电子科技大学杨青林同学、南京大学柳冬青同学、西北师范大学王玉纯博士在论文写作过程中提供的技术帮助；感谢新疆农业科学院苏武铮老师、汕头大学李松老师、新疆农业大学陈玉兰老师对我人生和学术道路的帮助；感谢王珞珈、齐敬辉、昝国江、丁文强博士，读博路上有你们相伴，我收获了丰富的人生感悟。感谢刘融、李明、陈垚、杨志良、陈卫强、范巧、王静、杨建功、何雅丽、何眉、吴洪仁等同窗好友们对我学习和生活的照顾。

感谢妻子胡雪，读博士期间总是难得相聚，她一直对我坚持的事情给予最大限度的理解和支持。这些年，你为了我们有个小家，付出的太多了。这些年，一沓沓车票成为我们爱情的见证。未来，我将用最真情陪伴弥补过去对你的欠缺。感谢岳父、岳母对我求学和生活的帮助，希望二老身体健康，幸福快乐。

今年，即将迎来自己人生的 30 岁。从呱呱坠地到背起行囊前往异地求学，不变的是父母依依送别的眼神，变化的是日益弯曲的脊背。正是这弯曲的脊背，给了我读博期间最灰暗时候的希望。时光流逝，希望可以用我自己的努力，能够让父母安享晚年。最后，感谢哥哥对我求学道路的支持。

冬日料峭，伏案倦首，提笔书写青春光景，时光悄然而至又悄然而逝。一载风雨砥砺，一载岁月淬炼之后，想想那些无眠的夜晚，在文章的背后藏着奋笔疾书的你，研究的成果背后躲着不畏艰难的我，我庆幸此生热爱且行而为之，没有业精于勤荒于嬉。世事如洪流，我匆忙向前走，科研就像是一个永远没有休止符的算法，或是重复，或是输出，抑或像一场惊涛骇浪的航行，除了自己没有人知道你的人生轨迹驶于何处。既然如此，何不做"科研号"上的掌舵人，辗转于骇浪惊涛之间，有意识地去刷新认知，打开眼界，探求底层逻辑，从某种意义上来说，不要囿于原有的"安全地带"。

谈笑之间，盛年不重来，一日难再晨，千难万险驰于足下，蹚过枯寂就蹚过生长，别怕风雨挡了路，别怕草鞋湿了水，风起之时我欲乘风破浪，趁青春无畏、趁斗志昂扬，终有一天扬帆远航！

罗万云

2019 年 7 月 14 日　齐云楼 1503